天下·文化
BELIEVE IN READING

財經企管 395A

領導的黃金法則

Leadership Gold

Lessons I've Learned from a Lifetime of Leading

約翰‧麥斯威爾 John C. Maxwell　著

章世佳　譯

作者簡介

約翰‧麥斯威爾 John C. Maxwell

　　美國知名的領導專家、演說家，每年他都會對財富500大企業的領導者、各國政府要員，及各階層領導者演講或培訓。他曾創立EQUIP及INJOY等組織，訓練過的領導者超過200萬人。

　　麥斯威爾的著作豐富，書籍總銷售超過1,300萬本，代表作包括《人生一定要沾鍋》（*Winning with People*）、《換個思考，換種人生》（*Thinking for a Change*，繁體中文版由天下文化出版）、《領導21法則》（*The 21 Irrefutable Laws of Leadership*）、《從內做起：發展自己的領導力》（*Developing the Leader Within You*）等，多本著作曾登上《紐約時報》、《華爾街日報》及美國《商業週刊》的暢銷書榜。他也曾被選入亞馬遜網路書店10週年名人堂。

譯者簡介

章世佳

　　台灣大學醫事技術系學士、美國北卡羅萊納大學教堂山分校生物統計博士，曾任東海大學統計系副教授。十多年前曾罹患癌症並奇蹟似地痊癒，目前她是基督教專職傳道人。她喜愛寫作，口譯經驗豐富，本書是她第一次筆譯的作品。

領導的黃金法則
Leadership Gold

目錄

我將這本書獻給我的孫女Ella Ashley Miller，
她溫柔的性情讓我們更加愛她。
我們也祈禱在她成長過程中，
懂得從人生種種課題挖掘出寶貴的黃金。

誌 謝

謹向
協助我寫作的 Charlie Wetzel
協助校對編輯手稿的 Stephanie Wetzel
我的助理 Linda Eggers
致上最深的謝意

|前言|
尋找黃金

　　我承認我想寫這本書已經將近十年了，可以說，我大半生都在爲這本書而努力。但我答應自己，要等六十歲才坐下來動筆。2007年2月，我到達了這個里程碑，便開始寫這本書。

　　做爲領導者的這段旅程對我來說極爲精采，也使我得到豐富的回報。1964年我十七歲，就開始閱讀並整理我自己對領導的想法，因爲知道領導會是我未來事業重要的一部分。二十二歲時，我擔任生平第一個領導者職位。1976年，我確信凡事的興衰和領導息息相關。除了這樣的信念，我也對「領導」產生了滿懷熱情，立志一生成爲這個重要課題的學生與老師。

　　學習有效能的領導眞是一大挑戰，教導別人如何領導則是更大的挑戰。1970年代末期，我傾注全力於訓練並帶領有潛力的領導者。令我欣喜的是，我發現領導力是可以開發的。這個發現最終促使我在1992年寫了第一本關於領導的書《從內做起：發展自己的領導力》（*Developing The Leader*

Within You），從此我寫了其他許多相關的書。三十多年來，實際領導別人與教授領導學成為我的工作。

為你的領導添加價值

　　這本書是我多年來身在領導者的處境，經由嘗試錯誤而學到的成果。我所學到的功課很個人，往往也很簡單，然而它們能帶來深刻的影響。我已窮盡一生去探索這門功課。我把這本書的每一章想像成一塊黃金，在對的人手中，能為他們的領導力增加許多價值。

　　當你閱讀每一章時，請先了解……

　　1. **我仍然在學習如何領導。**我還沒有抵達終點，本書也不是我對領導課題的終極答案。我相信在這本書出版幾個星期後，我又會有新的想法產生。為什麼？因為我繼續學習與成長。我希望持續成長直到我停止呼吸，我希望不斷發現可以與人分享的黃金。

　　2. **許多人貢獻了本書的領導黃金法則。**本書有一章叫做〈除非很多人希望領導者成功，否則他很難成功〉，這句話對我而言是完全正確的。俗語說：智者從自己的錯誤中學習，更有智慧的人從別人的錯誤中學習，但最有智慧的人，是從別人的成功中學習。今日我站在許多為我生命大大添加

價值的領導者肩膀上，明日我希望你能站在我的肩膀上。

　　3. **幾乎任何人都能學習我所教導的**。希臘哲學家柏拉圖說：「教導的主要部分，是在提醒你已經知道的事情。」這就是最好的學習。身為作家與教師，我想做的是幫助人們以嶄新而清晰的方式，真正明白他們長久以來憑直覺感受到的。我希望能讓你有「原來如此！」的體會。

　　雖然我以不斷向前行的方式來實踐領導，但回顧過去使我更加了解領導這件事。現在年屆六十，我希望與你分享做為領導者所學到最重要的功課。我嘗試在本書中將我痛苦地反覆試驗、不斷摸索後挖掘到的領導黃金，放在「書架的最底層」，所以有經驗、沒經驗的領導者都能輕易取得。我所教的不必是專家也會懂，你不必是一家公司的執行長也能應用。我希望我的讀者永遠不要像史奴比漫畫裡的查理布朗，站在海灘上欣賞親手蓋的沙堡，結果大雨一來沙堡便被沖掉了。當他看著曾經矗立沙堡的那片空地，他說：「這裡一定有個功課，但我不知道是什麼。」我的目的不是要拿一堆知識與看法使你困惑，而是要成為你的朋友來幫助你。

　　4. **我所分享的領導黃金法則大多來自我所犯的領導錯誤**。我學到有些東西的當時是很痛苦的。當我與你分享這些心得時，我仍能感受到那根刺，也提醒我曾經犯過多少錯誤。但我也受到鼓舞，因為發現我現在比從前有智慧。

詩人麥克列許（Archibald MacLeish）評論道：「只有一件事比從經驗中學習更痛苦，就是不從經驗中學習。」我太常看到有人犯了錯，卻固執地向前走，重蹈覆轍。他們帶著很大的決心對自己說：「試過還要再試！」要是他們這樣想有多好：「試過就停下來，思考、改變，然後再試。」

5. 你能成為多好的領導者取決於你對事情的反應。 要在你的生命中做出改變，單靠讀書是不夠的。能夠使你更好的是你的反應。讀本書時切記不要抄捷徑，而是要將每一塊黃金錘成一個有用之物，幫助你成為更好的領導者。別像那個跟爺爺下棋的小男孩叫喊著：「噢，不！又來了！爺爺，每次都是你贏！」

「你要我怎麼辦呢？」老人回答：「故意輸給你嗎？如果那樣，你什麼都學不到。」

男孩應聲道：「我什麼都不要學，我只要贏！」

只想贏是不夠的。你必須經過一個改善的過程。那需要耐心、毅力與用心。美國勵志格言作家沃德（William Arthur Ward）說：「把偉大的真理深植於記憶令人欽佩；把它深植於生命則是智慧。」

我建議你常常把這本書帶在身邊，讓它成為你生命中的一部分。身兼作家與教授的聖吉（Peter Senge）把學習定義為「一個融合思考與行動，需要花時間的過程」。他接著說：「學習是高度與環境相關的……要在有意義的環境下，

由學習的人採取行動時才會發生。」

如果你是新手領導者，我建議你用26個星期研讀這本書，每週讀一章，並遵行該章的應用部分。你若充分吸收每一課，同時採取行動實踐這些功課，接著再讀下一課，我相信不久後，你領導中的正面改變會使你歎為觀止。

如果你是資深領導者，就用52個星期來讀。為什麼更久？因為你研讀完一章後，你應該再花一個星期帶你指導的人走過同一章。一年之內，不但你自己成長，你也幫助其他新領導者更上層樓！應用練習之後都有「培養領導者小建議」來幫助你。每一篇都有建議，可幫助人們在與該章有關的領域中成長。在落實這些建議之前，你需要先與人們達到某種程度的關係與信賴。如果你與你要指導的人沒有那種程度的關係，那麼就投資時間建立關係，如此你所說的才能影響他們的生命。

領導帶來改變

為何你要這麼麻煩地學習更多關於領導的事？為什麼我要如此努力學習關於領導的事、四十年來不斷挖掘金塊？因為好的領導總是能帶來改變！我見過好的領導能成就什麼樣的事，它能把一個組織翻轉過來，為千萬人的生命帶來正面的衝擊。真的，領導不容易學，但還有什麼事更值得學呢？成為更好的領導者會有好處，但需要付出許多努力。領導需

要一個人付出很多，領導要求很多也很複雜。我的意思是：

領導是願意冒險。

領導是要為別人帶來改變的熱情。

領導是不滿足於現狀。

領導是當別人都在找藉口時，卻承擔責任。

領導是當別人看到限制時，卻看到可能性。

領導是準備好在群眾中脫穎而出。

領導是敞開的頭腦與胸懷。

領導是為了別人的好處，壓下自我的能力。

領導是喚起別人作夢的能力。

領導是以別人能參與貢獻的願景來鼓舞他們。

領導是以一人的能力來統合眾人的能力。

領導是以你的心向別人的心說話。

領導是心、腦、靈魂的整合。

領導是關懷的能力，並在關懷中讓別人釋放他的想法、
能量與能力。

領導是實現的夢想。

領導最重要的是，要勇敢。

　　如果這些領導思維使你脈搏加快、心跳加速，那麼學習
更多關於領導的事會在你身上造成改變，你也會在別人的身
上造成改變。翻到下一頁，讓我們開始吧。

1 | 如果你在高處不勝寒，一定是有些事沒做對

If it's lonely at the top,
you're not doing something right.

　　我父親那一輩的人相信，領導者絕不該與他們帶領的人走太近，「保持距離」是我常聽到的一句話。他們也認為，好的領導者應該保持高於部屬的姿態，甚至得自外於他們。結果，在我初踏上領導之旅時，我確實刻意與部屬保持一點距離。我設法將距離保持在近到能帶領他們，同時又遠到不受他們影響。

　　這樣的作法立刻在我心裡產生衝突。老實說，我喜歡接近我的部屬，尤其我知道我的強項之一是與人連結的能力。這兩個因素引起我反抗長期以來所接受的工作教條。

　　就像許多剛接領導職位的主管一樣，我明白自己不會永遠待在第一份工作。儘管那是一段很好的經驗，但我很快便

準備迎接更大的挑戰。三年後，我接下在俄亥俄州蘭卡斯特城的一個職位，向原來的組織提出辭職。我永遠不會忘記，多數人知道我們要離開時的反應：「我們曾一起完成了那麼多任務，你怎麼能說走就走？」許多人把我的求去當成是衝著他們個人來的。我看得出來他們感到受傷，而這讓我也不好過。老一輩領導者的話立刻縈繞耳際：「別太靠近你所帶領的人。」在我離職接手下一份主管職位時，我向自己保證絕不要讓人太接近我。

保持距離，以策安全

在我的第二個工作上，是我領導者生涯中頭一遭能自己雇用員工。有一個年輕人極有潛力，所以我聘用了他，並開始將畢生所學傾囊相授。我很快便發現，培訓人才既是一種能力也是樂趣。

我和他什麼事都一起做。訓練新人最好的方法之一就是讓他們跟在身邊看你做事，邊給他們一點訓練，邊讓他們試試自己動手做。我們就是這麼做的。這是我第一次收徒弟，當起別人的導師（mentor）。

當時我認為一切都很順利。然而，有一天我發現這名被我當成自己人的人侵犯了我的隱私，把一些我與他分享的敏感訊息告訴別人。這件事於公於私都傷害到我，讓我深覺遭到背叛。不用說，我讓他走路了。再一次，前輩的叮嚀在耳

邊響起：「別太靠近你的部屬。」

　　這一次我學乖了，所以再一次決定與周圍的人保有一定空間。我雇用人只求他們善盡本分，我也會做好自己的工作，我們每年只需在聖誕派對上聚聚會就好了！

　　我勉力保持涇渭分明的做法達六個月之久，但有一天我發現，與每個人保持距離是一把雙刃劍，好處是如果我與人保持距離，就沒人會傷害我；但壞處是沒有人會願意幫助我。所以25歲那一年，我做了一個決定：身為領導者，我要「緩步走過人群」。我願意耐著性子、冒著危險接近人群，也讓他們走近我。我誓言先愛我所帶領的人，再嘗試帶領他們。這個決定偶爾會讓我有受傷害的風險，我也有時真的會受到傷害。然而，這些深厚的關係卻讓我們能互相幫忙。可以說這個決定改變了我的生命及領導力。

高處不勝寒不是領導的問題

　　有一則漫畫是這麼畫的：一位主管孤伶伶地坐在大辦公桌後，一名身穿工作服的男人溫順地站在辦公桌的另一邊，對老闆說：「希望我的話能讓您稍獲安慰：身處基層也很孤單。」 身居高位不表示就得孤軍奮戰，反之亦然。我認識各階層裡孤單的人，因此我了解，高處不勝寒不是位階問題，是個性問題。

　　許多人認為，主管的形象就是一個人高站在山頂上，俯

●好的領導者會帶領部屬登上頂峰。

視他的員工。他疏離、隔絕，而且寂寞，所以有道是「高處不勝寒」。但我認為，這句話絕非出自一位優秀領導者之口。如果你是個領導者卻感到形單影隻，那麼你一定沒把事情做對。想想看，如果你真的如此孑然一身，那就表示根本沒有人跟隨你；若是如此，那你何來領導之說！

什麼樣的領導者會把所有人拋在後面獨自前行？自私的領導者。好的領導者會帶領部屬一起登上頂峰。有效領導的必要條件就是將部屬推升到新的層次，但如果你離他們太遠，就很難做到這一點，因為你再也無法察覺他們的需要、了解他們的夢想，甚至感受他們的心跳。此外，如果領導者無能為部屬做更多改善、讓情況變得更好，他們就需要新的領導者了。

頂峰的真相

因為領導對我而言是很個人的課題，多年來我常在思索。在此我列舉一些你需要知道的事：

從來沒有人能獨自攻頂成功

除非有很多人希望一個領導者成功，否則他很難成功。悲哀的是，總有些領導者一攀到峰頂就開始設法把別人推下山。他們或許因為缺乏安全感，或是競爭心過強，而扮起「山丘之王」（king of the hill，譯註：一種小孩子玩的遊戲，

比賽看誰能把別人都推倒，只有他一個人站在最高處）的角色。這種做法短期內或許行得通，但通常無法持久。當你的目標是打倒別人時，你會花太多時間與精神提防他們以其人之道還治其人之身。相反地，你何不伸手幫助別人，進而邀請他們共事呢？

自己先有成功的經驗，才能帶領別人登上山頂

有許多人樂於對他們從未經歷過的事提供意見，他們好比是糟糕的旅行社，賣給你一張昂貴的機票後跟你說聲「祝您旅途愉快」，從此人間蒸發。相反地，好領導者就像一個導遊，他們對涉足過的領域瞭若指掌，因此會竭盡所能地帶領大家完成一段順利美好的旅途。

主管的信譽從自身的成功開始，而以幫助他人獲得個人成功為終點。你必須努力不懈地以實際行動證明以下三件事，方能贏得別人的信賴：

1. **主動**：你必須起身，才能前行。
2. **犧牲**：你必須有捨，才有所得。
3. **成熟**：你必須成長，才能進步。

如果你展示出自己的氣度，人們就會想要跟隨你；當你爬得越高，願意與你同行的人就越多。

●「老闆」與「領導者」大不相同。老闆說：「去吧。」領導者則
　說：「我們走吧。」

帶人攻頂比獨自攀峰更有成就感

　　幾年前，我很榮幸地與第一位登上聖母峰的美國人魏特克（Jim Whittaker）同台演說。午餐時我問他，身為一名登山者，什麼事為他帶來最大的成就感。他的答案嚇了我一跳。

　　「我幫助過最多人登上聖母峰，」他答道，「把那些沒有我的協助便無法攻頂的人帶上去，這是我最大的成就。」

　　顯然這是偉大登山嚮導的共同思維。數年前我在新聞節目「六十分鐘」上看到主持人訪問一名嚮導。在攀登聖母峰的過程中，有些人意外失去生命，主持人問這位倖免於難的嚮導：「如果不是為了帶人們攻頂，那些嚮導會喪命嗎？」

　　「不會，」他回答，「但嚮導的目的就是為了帶人攻頂。」

　　主持人接著問：「為什麼登山者要冒生命危險去爬山呢？」

　　嚮導回答：「顯然你從未攀上山頂。」

　　我記得那時我自忖著，登山嚮導與領導者兩者之間有許多共同點。但「老闆」與「領導者」大不相同。老闆說：「去吧。」領導者則說：「我們走吧。」領導的目的就是要帶別人登頂。當你把那些非你協助不可的人帶到山頂上，感覺之棒是無可比擬的！你無從對不曾體驗的人解釋，對有經驗的人則無需贅述。

領導者多半時間不在頂端

領導者很少會停留在原地。他們經常四處走動。有時他們下山去尋找有潛力的新秀，多數時候則是與其他人一起攻頂。最好的領導者會將多數時間用來服務其他領導者，幫助他們更上層樓。

已故作家歐爾蒙（Jules Ormont）說：「偉大的領導者除了一肩挑起責任，絕不搶在眾人之前出頭。」好領導者會放低姿態以便與人們保持連結，這是唯一可構到下面把人拉上來的方法。如果你想成為心目中最理想的領導者，別讓不安感、器量小或嫉妒心，攔阻你向人伸出援手。

給孤單領導者的忠告

如果你發現自己離部屬太遠，不論是否有意，那麼你需要改變。沒錯，改變有其風險，你可能傷到別人或受到傷害，但你若想成為一個領導有方的領導者，這是不二法門。以下列舉數點方法：

1. 避免從位階思考

領導雖然和位階有關，但也和人際互動密切相關，從人際關係出發而取得領導地位的人絕不會感到孤單。花時間建立關係的同時，能讓你和人發展出友誼；反之，重視位階的

⬤ 領導雖然和位階有關，但從人際關係出發而取得領導地位的人
絕不會感到孤單。

領導者卻往往是孤單的，因為每當他抬出頭銜與同意權「勸
服」部屬做事，雙方距離便拉開了。他的本意是在告訴對
方：「我在上，你在下，所以你乖乖去做就對了。」這種態
度往往使部屬自覺渺小、將他們推得更遠，更會挑起兩者之
間的不和。好的領導者不會讓他的部屬自覺渺小，而是建立
他們的自信。

每年我總會花些時間在各國教授領導學。在許多發展中
國家，以地位領導部屬已是一種生活方式，這些領導者聚合
權力，並死命保護它，只有他們可以高高在上，別人都得跟
隨在後。悲哀的是，這種作法限制有潛力的領導者往上發
展，也為自己製造孤獨。

如果你是主管，千萬不要仰仗頭銜說服部屬跟從你，你
該做的是建立好關係、贏得人心。只要這麼做，你就絕不會
是孤獨的領導者。

2. 明瞭成功與失敗的黑暗面

成功與失敗都可能是危險的事，只要當你認定自己是
「成功者」，就是與在你看來不怎麼成功的人疏遠之時了。因
為你會開始認為：「我不需要見到他們。」於是你從人群中
抽離了。諷刺的是，失敗也會使領導者退出人群，卻是因為
另一個原因，如果你認為自己是個「失敗者」，就會遠離人
群，心裡想的是：「我不要見到他們。」這兩種極端思考都
會造成與別人的疏離。

● 如果每件事你都是單打獨鬥，你的成就實在不會太高。

3. 明白你所處的行業與「人」息息相關

　　最優秀的領導者知道帶人之前要先愛人！我從未見過不關心部屬的好領導者。無能的領導者通常都有不正確的心態，他們會說：「我愛全人類，我只是受不了這些人。」但好領導者很清楚，部屬根本不在乎你懂多少，除非他們知道你有多麼關心他們。你必須喜歡人群，否則你永遠無法提高他們的價值；反之，如果你對人毫不關心，你很可能只是想操縱他們。身為領導者不應如此。

4. 重要法則不容或忘

　　在《領導團隊17法則》（*The 17 Indispensible Laws of Teamwork*）裡，有句話是這麼說的：「個人不足以成就大事。」有價值的成就無法由個人獨力完成的。我敢在此下戰帖，你想個反證給我。（多年來我在許多講習會裡下此戰書，至今沒有人能提出！）老實說，如果你單打獨鬥就能完成你人生及工作的願景，那麼一定是你將目標設定得太低了。偶爾會有人這麼自我介紹：「我是個靠自己白手起家的人。」我總想這麼回答：「請別介意我這麼說，但如果每件事你都是單打獨鬥，你的成就實在不會太高。」

　　在我的組織裡沒有所謂的員工，有的是團隊夥伴。當然我必須付他們薪水和其他津貼，但他們並不是為我工作，而是與我共事。我們並肩完成願景，少了他們，我不可能成

功，沒有我，他們也很難成功。我們是一個團隊，一同達成目標。我們互信互賴，如果情況並非如此，那就是其中有人站錯了位置。

能找到一群人為共同願景奮鬥是無與倫比的經驗。數年前當三大男高音卡瑞拉斯、多明哥及帕華洛帝同台演出時，有個記者試圖挖掘三人之間是否有爭競不和之處。

這三位歌手都是超級巨星，那個記者希望在他們之間找到敵意。多明哥不讓這位記者得逞，「你必須全神貫注、對音樂敞開心胸，」他說，「在音樂國度裡沒有敵人。」

我將此話奉為圭臬，數十年如一日以開放平等的心態對待同事。我們的目標放在共同完成使命，而非畫分階級、製造距離，或維護權力。在我接下第一份領導工作至今已經數十載，起初我也認為高處不勝寒，但現在我已摒棄這種心態，這段改變歷經以下階段：

從「高處不勝寒」到
「如果高處不勝寒，我一定做錯了什麼事」到
「一同攀上頂端加入我」到
「讓我們一起攻頂」到
「站在高處並不孤單」

如今我絕不獨自「攻頂」，而是要確保整個團隊可以一

起爬上去。當其中有人超越我，爬得更高，我不會因此惱火。假使我知道我曾助他們一臂之力拉他們一把，我深感安慰；因為有時他們也會把我拉上同一高度以示回報，為此我感激不盡。

　　如果你是名與部屬疏遠的領導者，你肯定是有些事沒做對。領導者若感到孤單，那是他自己的選擇。我選擇與人們共度旅程，希望你也是。

如果你在高處不勝寒，一定是有些事沒做對

應用練習

1. 你擅長的是領導的技術，還是領導的藝術？ 有些領導者擅長領導的技術：制定策略、規畫方向、維持健全財務等；其他領導者則善於處理與人有關的面向：連結眾人、溝通協調、提出願景、激勵人心等。你拿手的是哪一種？

如果你是比較技術型的人，絕不要輕忽領導與「人」息息相關，應該採取適當方法改進人際技巧。行經辦公室時放緩腳步，這樣你就能找到機會跟其他人聊聊天，進一步認識他們；找些書來參考，或報名參加相關課程。你也可以請善於此道的朋友提供一些錦囊妙計，或者你可以求助諮詢顧問，總之，你應該竭盡所能彌補不足之處。

2. 為什麼你想要登峰造極？ 大部分人自然渴望改善他們的生活，許多人認為，改善之道是往職涯階梯上方爬，以獲得更高的職位。如果你領導部屬唯一的動機是不斷晉升與改善專業能力，這將置你於險境，因為你可能成為位階型領導者，與同事玩起「山丘之王」的遊戲。你該花些時間深度反省，看看你的領導力如何幫助別人，以及該從何下手。

3. 你的夢想有多大？ 你的夢想是什麼？在你的個人與職業

生涯中，你最想成就什麼？如果那是一件你能獨立完成的事，你就錯失發掘領導潛能的機會。任何有意義的事都值得他人一同參與。要心懷大志。想像一下，有什麼事不是只有你一個人就足以完成的？你需要什麼樣的團隊夥伴共襄盛舉？他們、你自己以及你們的組織如何從這趟旅程得到收穫？拓展你的思維，你就可能更想跟一組團隊一同攻頂。

培養領導者小建議

身為一位領導者，你得觀察你所指導的人如何處理人際關係。有些人因為本身不善交際，而不易與組織的上司、同事或部屬互動，你必須以教會他們這一點為目標，並幫助他們搭起連結之橋。

2 | 自己才是
最難領導的人

The toughest person to lead is
always yourself.

　　在某次會議的提問時段，有人問我：「你做領導者遇到最大的挑戰是什麼？」我猜想我的答案使在場所有人大吃一驚。

　　「領導我自己！」我這麼回答：「那一直是我當領導者最大的挑戰。」

　　我想，無論領導者帶領什麼人、成就什麼事，這答案再貼切不過了。歷史上功業彪炳的領導者，總以為他們是天之驕子。但如果我們認真檢視他們的生命，不管是《聖經》中擊倒巨人的英雄大衛王、美國第一任總統華聖頓，或是前英國首相邱吉爾，不難發現他們自己總需要經過一番掙扎。這就是我為何說「自己才是最難領導的人」。好比美國政治漫

●「我們碰到敵人了，就是我們自己！」──凱利

畫家凱利（Walt Kelly）在他的漫畫《波戈》（Pogo）裡大喊：「我們碰到敵人了，就是我們自己！」[1]

坦承領導自己不容易讓我憶起過往的傷痛，許多領導時遭遇的挫敗也是個人的挫敗。在近四十年擔任領導者的生涯中，我犯了許多錯誤，但只經歷四次關鍵領導危機；很抱歉，全都是我的錯。

第一次危機發生在1970年，正逢我生平第一個領導職任滿兩年。那時的我深得人心，許多工作都如期進行。可是，有一天我意識到整個組織缺乏方向，原因何在？問題出在我缺乏正確安排優先次序的能力，領導因此失焦。那時我還是個年輕領導者，尚不明白辦活動不必然等同獲得成就，結果，我的部屬依樣畫葫蘆，在長達十六個月的時間裡摸不著頭緒。到最後，我沒有真的幫他們完成任何事。

下一個危機在1979年到來，那一次我遭兩股對立的力量拉扯。我在第二個領導位置做得很成功，我雖然明白另尋更大的舞台才是正事，只是如此一來，我就得離開待了十二年的組織。這是我職業生涯中頭一遭在一個組織待這麼久，我早已是這裡的一部分了。我一直舉棋不定，加上個人心路歷程改變，帶給組織不良影響，我變得沒有焦點，對機構的願景感到模糊，導致熱情與精力也日益衰退。無法聚焦的領導者沒有效率可言，結果是我們再也無法有效率地向前行。

第三次危機發生在1991年，那時我的工作過重，生活失去平衡。在我成功帶領組織長達十年後，我心想不妨抄捷

徑，讓我好辦事。於是我在沒有經過充裕準備，或是用些時間帶所有人調適整個過程的情況下，很快連續做了三個重大的決定。真是天大的錯誤！急就章的結果是同事們沒有心理準備接受這些決定，而我則無法招架他們的反應。我花了十年建立的信任開始瓦解，更糟的是，當那些質疑我的人不再大步跟隨時，我漸漸按捺不住。我氣憤地想：「他們是怎麼回事啊？為什麼他們不快點『搞懂』，好讓大家繼續做事呢？」幾個星期後，我發現問題不在他們，而在我。最後我必須為自己的態度向每個人道歉。

　　第四次發生在2001年，和我必須撤換領導團隊有關，容我在〈領導者的首要責任是定義現實狀況〉那一章再詳述。我不願意痛下決定的結果是賠上大把銀子及重要同事。再一次，我成為問題的根源。

自我評斷

　　如果我們捫心自問，就會承認最難領導的人是自己。多數人其實不需要擔心競爭，別人不是他們失敗的原因。如果他們贏不了，那是因為他們自己先自亂陣腳。

　　這道理不僅領導者適用，且放諸四海皆準。領導者通常是自己最壞的敵人，原因何在？

● 爲別人打分數似乎是我們人類天賦的能力，唯獨「自己」卻看
不清。

我們看自己不像看別人那麼清楚

多年來我爲他人諮商的經驗教會我一件重要的事：人們
很少眞切地看清自己。爲世上每個人打分數似乎是我們人類
天賦的能力，唯獨「自己」卻看不清。那是爲什麼在我的書
《人生一定要沾鍋》（*Winning with People*）中，我從「鏡子
原理」出發，提出「我們第一個應當審視的人就是自己」這
個建議。如果你不把自己看清楚，你永遠不知道自身的難題
何在；倘若你看不見它們，你就無法有效領導自己。

我們嚴以待人，寬以律己

多數人用完全不同的標準評斷自己與別人。我們多半根
據他人的行動來判斷別人，這種作法是人之常情；但我們卻
是以意念判斷自己，即使做錯事，如果我們相信自己的出發
點是良善的，就會放自己一馬。我們周而復始，無法改變。

領導自我的關鍵

在努力獲得成功之際，我們得學會別擋自己的路。正因
爲多年來我知道自己是那個最難帶領的人，我已採取一些預
防措施。我力行下列四件事，以便在試圖帶領別人前，先領
導自己：

1. 學習服從

　　主教富爾頓・辛（Bishop Fulton J. Sheen）曾說：「當從未學到服從的人獲得發號施令的權力，就是將文明進化置於險境。」只有真心跟隨過他人的領導者才深諳帶領之道，因為優秀領導能力的必要條件是明瞭跟隨者的世界如何運作。因為你也曾遭逢其境，所以能與部屬心意相通；因為你清楚聽候指令是什麼滋味，所以更懂得善用權限。

　　反之，從未真心跟隨或服從權力的領導者常常是高高在上、不切實際而且專制獨裁。如果前述字眼精確描述你的領導方式，你得自我反省，因為傲慢的領導者難以長期收服人心，他們不僅自外於部屬，也與同儕與上司疏遠。如果你學著真心服從別人的領導，才能成為更虛懷若谷卻強而有力的領導者。

2. 培養自律精神

　　據說十八世紀時，普魯士的腓特烈大帝（Frederick the Great of Prussia）某天在柏林郊外散步時，偶遇一名老者迎面走來。

　　「你是誰？」腓特烈問他的子民。

　　「我是王。」老人回答。

　　「你是王？」腓特烈笑問：「你統治那個國家？」

　　「我自己。」一臉傲色的老人回答。

● 愚蠢的人想要征服世界；智者如我輩，我們只需要征服自己。

　　我們每個人都是自己的「生命之王」，得負責自己的行動及決定。我們得先具備良好品格與自律精神才能做出良策，在必要時採取正確的行動並避免愚行，否則會像脫韁野馬，犯下後悔莫及的言行失誤、錯失良機，甚或揮霍過度導致負債累累。正如《聖經》裡智者所羅門王的〈箴言〉說：「富戶管轄窮人，欠債的是債主的僕人。」[2]。

　　英國評論家福斯特（John Foster）在《性格影響決定》（*Decision of Character*）這本書中寫道：「一個人若做不出有骨氣的決定，他就做不到忠於自己，只要形勢比人強，他就屈服。」愚蠢的人想要征服世界；智者如我輩，我們只需要征服自己。明白這點以後，我們摒棄個人觀感，行所當行。

3. 磨練堅忍精神

　　我認識的領導者大多禁不起煩，他們看得遠、想得深，也想走在最前方。那是好現象，比別人早一步，所以你才成為領導者。然而，那也可能是壞事，如果你提前了五十步，你很可能成為烈士。

　　世上值得放手一搏的事很少是一蹴可及的，如同沒有速成的偉大成就或成熟人格。即食麥片、即溶咖啡及微波爐爆米花早已司空見慣，但領導者不可能一夕養成。一揮而就的領導者缺乏持久力。培養領導力比較像是砂鍋煲湯，要花時間細熬慢燉，但結果絕對值回票價。領導者千萬要記得，領

導的意義不是一馬當先搶著跨過終點線，乃是帶人跟你一起
越過。為此，領導者一定要刻意放慢腳步、與團隊同進退，
號召更多人協力完成願景，並鼓勵他們大步前進。如果你將
他們遠遠拋在腦後，你將做不到這些。

4. 追求負責精神

　　能夠駕馭自己的人知道一個祕密：不能信任自己。好的
領導者知道權力蠱惑人心，也明白自己有多不可靠。如果領
導的人否認這一點，那就再危險不過了。

　　這麼多年來，我閱歷許多領導者敗在道德瑕疵，你猜得
到他們的共通點是什麼嗎？他們全都認為自己的道德絕無問
題。這種想法在他們心中產生虛幻的安全感，使他們認為自
己根本不具有毀掉自己跟別人生命的能力。

　　這對我不啻是當頭棒喝，因為我也有過這種態度。我一
想到這是我自己的寫照，當場嚇出一身冷汗。當下我立刻做
了兩個決定：首先，我不再信任自己；其次，未來我要對別
人負責，而不是對自己交差了事。我相信那兩個決定幫助我
堅守正道，並能領導自己與他人。不能對私生活負責的人勢
必在公領域出紕漏，幾年前多位備受矚目的企業執行長一再
重演道德悲劇。中國古諺說：「見賢思齊，見不賢而內自
省。」

　　許多人認為，負責任的態度可解釋一個人的行為，我則
相信那是所有行動的起點。擔負責任從接受他人勸告開始，

領導者尤其如此，他們通常會經歷下列過程：

我們不需要勸告。
我們不反對勸告。
我們歡迎勸告。
我們積極尋求勸告。
我們常常聽從勸告。

負責任的重要指標之一是，願意尋求並接受忠告，如果你早在展開行動前就聽取忠告，你比較不容易偏離正道。許多錯誤的行為發生的原因是，執行者沒有及早受他人監督。

自我領導有方，表示你力守比別人更高的責任標準，原因何在？你不僅為自己負責，更得為跟隨你的人負責。領導是信任關係，而非權力關係，因此我們必須比別人更早自我「校正」；而無論我們爬得多高、掌握多大權力，都必須力求做得對，儘管絕不自我膨脹是艱難的課題。當美國第三十二任總統羅斯福病逝，杜魯門倉卒接位之際，與他私交甚篤的眾議院議長雷伯恩（Sam Rayburn）給他一些父執輩的忠告：「從今而後，會有許多人環繞在你身邊，試著在你周圍築起一道牆，切斷你與外界的聯繫，好讓你只能聽取他們的意見。他們會奉承你是舉世無雙的偉人，但你我都知道事實不然。」

昨天我去參加某家公司的電話會議，席間亦有董事會成

員，他們必須介入這場會議，押著一名主管對與會人士說明他所犯的錯事。這是一段悲哀的經歷，這位主管已經失去董事會成員的尊重，不久後他可能會丟掉飯碗。如果他早知道應該管好自己，董事會可能就不需要做到這地步。散會後我自忖，領導者不監督好自己，公司裡的人就不會尊重他。

　　前 IBM 董事長華生（Thomas Watson）說：「最能證明一個人具有領導力的事，莫過於他日復一日領導自己。」真是一語中的。你所領導最小圈的群眾就是你自己，但卻最重要。如果你帶得好，就有權帶領其他群眾。

自己才是最難領導的人

應用練習

1. **你看自己看得有多透澈**？想更客觀地看清你自己，請先回顧你去年的表現。列出重要的工作目標，一一標明「達成」或「未達成」，然後帶著這張清單找你尊敬的熟人，就說你正在評估一個應徵者的資格，請他們就這張清單列出的成敗結果，提供對這位「應徵者」的看法。他評估的結果與你的看法有多契合？

2. **你在哪方面還需要成長**？下列哪些領域是你最需要成長的：自律精神、服從，還是忍耐精神？你該採取哪些新方法來培養呢？舉例來說，也許你該設定一個休閒娛樂（recreational）的目標，至少花一年身體力行；你也可以再忍一下，把長期以來很想買的東西往後延；或者，你可以自願幫一個難搞的領導者做事。再不然，你可以考慮做義工，那工作需要忍耐、自律與服從。

3. **你從善如流嗎**？試問五到十個朋友、同事及家人這個問題，請他們依以下五個等級，以 1 到 5 分評估你對忠告的接受度。

1. 你不需要勸告
2. 你不反對勸告
3. 你歡迎勸告
4. 你積極尋求勸告
5. 你常常聽從勸告

　　最後算出平均數，如果低於 4 分，你在這方面需要改進。你應該學習先把別人的建議納入蒐集資料的過程，最後才做決定。

培養領導者小建議

把你指導的人找來個別談話，請他們坦承說明在領導自我上做得如何。你可以提供具體的例子闡明你的觀點，然後協助尚待改進的人，給他們練習的功課，幫助他們著手改進，並培養責任感。你應該定期與他們見面，在這方面負起督導之責。

3 | 關鍵時刻
決定你的領導力

Defining moments define
your leadership.

　　前英國首相邱吉爾是我景仰的領袖之一，他在第二次世界大戰期間挺身抵抗納粹，可以說是領袖中的領袖！他曾評論說：「每個年代總有個時刻需要領導者挺身而出，所以，時勢可以造英雄，帶動國家進步。悲慘的是，多數關鍵時刻沒有領導者見義勇為。」

　　什麼原因決定領導者是否願意在困境中起身接受挑戰？挑明了說，什麼原因決定當下你是否會自告奮勇，並成功完成挑戰？我相信，你面對生命中重要時刻的方式將決定你會不會勇於擔當，因為它們定義了你是什麼樣的人，又是什麼樣的領導者。

● 你處理生命中重要時刻的方式將決定你會不會勇於擔當，因爲它們定義了你是什麼樣的人，又是什麼樣的領導者。

　　如果你對我的領導學及成功學不陌生，你就知道我深信個人必須不斷追求成長，我從不信一夜功成名就。事實上，我的核心原理之一是《領導21法則》（*The 21 Irrefutable Laws of Leadership*）裡提到的「過程法則」，那句話是這麼說的：「領導力於平日累積，非一朝一夕可得。」然而，我也相信，我們在重大時刻做的選擇有助於塑造我們，並告訴旁人我們是什麼樣的人。它們是關鍵時刻，以下是我認爲它們很重要的原因：

1. 關鍵時刻可顯示我們究竟是什麼樣的人

　　我們生活中多半時間都平淡無奇，沒什麼特出之處，但仍有些時候不同以往。它們意義非凡，讓我們有機會起身、走出群眾圈，並把握住那個時刻；要不然就是與其他人一樣繼續坐著，錯失大好時機。無論如何，這些關鍵時刻定義了我們，也揭示我們的本質。

　　我們常把焦點放在生命的里程碑上，就是那些標示著時間與成就的重大事件，例如我們引頸期待的畢業、婚禮或升官，但有些關鍵時刻常伴隨危機霎時而至，完全令人措手不及，例如：

- 個人失敗關頭
- 在某事上力排眾議，堅守立場
- 遭逢苦難折磨

- 被要求原諒他人
- 做出不愉快的選擇

　　有時，在那一刻我們會感覺行動的重要性，就像看到眼前有兩條清楚的道路，一條帶我們向上提升，一條則是往下沉淪；悲哀的是，其他時候我們沒有看出關鍵時刻就在眼前，卻是在事後回顧時才明白它們的重要性。但不管是哪一種情況，這些時刻都定義了我們。

2. 關鍵時刻向大眾顯示我們是什麼樣的人

　　多數時候，我們可以戴上面具，以防周圍的人認清我們，但在關鍵時刻這是行不通的。這時，我們的履歷表形同廢紙，如何表明自己則無關緊要，甚至我們的形象已一文不值。關鍵時刻讓我們成為眾所矚目的焦點，根本沒有時間解釋自己的行為，真實面在眾人眼前一覽無遺。我們日積月累形成的品格，將在這些關鍵時刻充分展現出來！

　　對領導者而言，關鍵時刻揭露許多部屬真正想知道的事：他們的領導者是什麼樣的人、主張什麼、為什麼領導他們。若領導者妥善處理關鍵時刻，不僅可以強化雙方關係，甚至終身相繫；反之則可能導致領導者信用破產，無法再繼續領導。

　　在《領導力21法則》的十週年紀念版中，我寫下現任美國總統小布希任內的兩個關鍵時刻。他對911恐怖攻擊事

件的反應，定義了他的第一任期是成功的。他與美國人民心心相繫，甚至讓當初沒有投票給他的人都願意支持他連任。然而，他對卡崔娜颶風的蹩腳反應，卻使他的第二任期徹底失敗，短短幾天美國人民就感覺到領導眞空，甚至連許多支持他的人都反對由他領導國家。

我不是想藉機修理他，畢竟所有人都經歷過失敗，我的重點在於，領導者面臨的關鍵時刻對別人有驚人的影響力，當他反應正確，全民皆贏；當他反應失當，人人皆輸。

3. 關鍵時刻決定我們會變成什麼人

關鍵時刻過後你會脫胎換骨，不再原地踏步，你也許是進步，也或者是退步，但絕對不是在原地打轉。爲什麼？正因關鍵時刻不是常態，也就是說，在非常時刻「常態」不管用了。

我把關鍵時刻視爲生命中的十字路口，提供我們機會轉彎、改變方向，並尋找新的終點；關鍵時刻也代表新的選項與契機，此時我們一定要抉擇，而新的決定將重新定義我們！我們要做什麼？我們對事件的反應會把自己推上新的道路，這條路會決定我們未來將變成什麼樣的人。總之，在關鍵時刻後，我們會脫胎換骨。

那些定義我的關鍵時刻

我生命中出現的關鍵時刻塑造了我。如果把其中任何一個好的或壞的時刻抽離，我就不是現在的我，而未來出現的關鍵時刻將會繼續形塑我。當我回首反芻生命中這些關鍵時刻，我把它們分成四類：

有些關鍵時刻像是開路先鋒

生命中許多關鍵時刻給我機會嘗試新東西。二十幾年前，我在密西西比州的傑克遜對一群人教授領導學。講座結束時，一名學員問我，往後是否可能想個辦法，把我手上仍在進行的領導者培訓課程傳授給他。我不確定可以怎麼做，但在我們談話時，我感覺到其他學員也有這個念頭。

在那一刻，我很快就決定不負眾望。我答應他們，如果願意付一點費用，我每個月會寫好一小時全新的課程內容，並錄製起來寄給他們。在那之前我從未做過這種事，甚至不確定怎麼著手。我在教室裡傳了一張紙，令我驚訝的是幾乎每個人都簽名加入。

直到那天結束時，我還沒意識到已經歷一個關鍵時刻，但事實的確如此，因為這個小小創舉後來變成一個事業，我稱之為「錄音帶俱樂部」，顧名思義是將領導課程製成錄音帶，現在已經進化成 CD 的訂購服務，如今訂戶已成長到兩萬多名。

二十幾年後的今天，我十分篤定，那一刻的反應是我做過最重要的決定。當時錄音課程的工作看起來是千頭萬緒，實際上也確實如此，但每個月提供教材卻讓我成為全美國、乃至全世界成千上萬名領導者的導師，也為我的許多著作提供素材。此事也促使我開辦一間公司，提供資源幫助領導者成長。可以說，當初如果沒有那個決定，我的生命方向會截然不同。

有些關鍵時刻像是心碎打擊

並非所有關鍵時刻都是正面的，我也曾經歷過一些非常困難的時刻，但有時它們讓我有機會停下來喘口氣，做些必要的改變。舉個例子。1998年12月18日，就在我們公司的聖誕派對結束之際，我的胸口突然感到一陣疼痛重壓，頓感全身無力。那是心臟病發作。就在我躺在地板上等待救護車這段時間，現實像一盆冷水當頭潑下，我搞錯事情的輕重緩急，其實我根本不是自己以為的那麼健康！

接下來幾個星期，我花很多時間細想我的健康狀況，發現我太投入工作、與家人相處的時間不夠、缺乏規律運動，而且沒有吃對食物。最根本問題是：我的生活失調了。

在那段時間，我學到一堂課。1996年前可口可樂副總裁暨營運長戴森（Brian Dyson）應邀在喬治亞理工學院的畢業典禮中致詞，他對人生有最佳詮釋：

● 改變，其實不必然得經歷痛心的過程。

　　把人生想成一場遊戲，你拿五顆球，個別命名為工作、家庭、健康、朋友及靈性，你丟球在空中拋耍，不能讓它們墜地。你很快就明白，「工作」是顆橡皮球，如果你漏接，它落地後會再彈起來；但其他四個球──家庭、健康、朋友及靈性是玻璃球，如果你漏接任何一顆，它們不可避免會有磨損、擦痕、裂痕、缺角，甚至完全碎裂，再也不會完整如昔了。你們必須明白這一點，並竭力保持生活平衡。[3]

　　我很幸運，我漏接的健康球僅是磨損而非全碎。既然還有重生的機會，我就重新定義優先次序。我花更多時間陪家人、定期運動、試著吃得健康。我做得不盡完美，但努力過得更平衡。我不知道你在拋耍什麼「球」，但我奉勸你，不要等到其中一顆重要的球掉了，才檢視你的生活。改變，其實不必然得經歷痛心的過程。

有些關鍵時刻像是破雲而出

　　有時關鍵時刻是因為看到一個契機，隨即採取行動抓住機會。幾年前我就遇過。在我 25 年的牧師生涯中，我花了17 年買地、建教堂、募款。

　　有一天一位牧師和一名大商人從鳳凰城飛到聖地牙哥與我共進午餐。他們正在建教堂，說此行是因為我有許多籌措財源的經驗，而這是神學院沒教過的課。午餐快結束時，他們問我是否可以幫他們的興建教堂計畫募款。「如果你能為

你的教會籌到錢，」其中一位說：「你一定也能幫助我們。」

那一刻，我很清楚自己能幫他們，而且我該幫這個忙。我們在臨別前握手，同時我允諾幫忙。我走到停車場取車，上車後打電話給一個朋友，跟他說：「下星期我們要開始幫教會募款，實現他們的夢想。」

這就是我創辦音久顧問公司（INJOY Stewardship Services）的開始。

有些關鍵時刻像是衝破藩籬

最好的關鍵時刻能讓人一步登天，幾年前我在美國事工裝備（EQUIP）機構就經歷過。美國事工裝備機構是我哥哥賴瑞和我於1996年一起創辦的非營利組織，為全球企業領導者提供訓練及資源。起初幾年，美國事工裝備是個典型剛起步的機構，努力打好基礎、四處尋找捐款者襄助，並培養經營團隊來領導這項事業。我們不斷從錯誤中學習、調整與改變，逐步建立起專業領導機構的信用。

隨著時光飛逝，我感覺到美國事工裝備機構需要一個願景，讓相信我們使命的人心手相連。在某一場晚宴中，我發現了那個願景，並傳達給在場眾多美國事工裝備的支持者。我畫了一個藍圖，期許美國事工裝備五年內在全球成功培育100萬名領導者，請與會者共襄盛舉。這願景緊緊聯繫所有人，美國事工裝備的業績自此一飛沖天。那一夜成為這群人

● 你沒有選擇關鍵時刻的權利，然而，你能選擇處理方式。

的關鍵時刻，五年後也確實改變了 100 萬人的生命。

定義你的時刻

領導者經歷過關鍵時刻並正確回應後，才能更上一層樓。不管什麼時候，只要他們突破難關，跟隨者都會感到與有榮焉，但難題是你沒有選擇關鍵時刻的權利。你不可能坐下來，打開行事曆說：「下週四早上八點鐘我要計畫一個關鍵時刻。」你無法控制它們發生的時間，然而，你能選擇處理方式，因此你可以採取一些預備措施。以下建議供讀者參考：

1. 反求諸己

有道是以史為鏡，可以知興衰。大至國家文化，小至個人過往，這話都適用。對領導者而言，前人之行是後世之師，想知道未來你如何處理關鍵時刻，從回顧你的過去開始。

2. 防患未然

我生命中做過最有價值的事之一，便是在危機或抉擇時刻來臨之前，先做下重大決定，這使我在緊要關頭時，只須妥善處理那些決定。我部分決定是在青少年時和中壯年做的，約莫二十到三十歲之間。我已經在《贏在今天》（*Today*

Matters）這本書裡深入地描述這些決定，但我在這裡要與你分享一些要點：

態度：每天選擇並表現正確的態度

優先次序：每天決定並做最重要的事情

健康：每天了解並遵循健康指南

家庭：每天照顧家人並保持聯繫

思想：每天操練並培養好的思想

承諾：每天適當地給出承諾並信守承諾

財務：每天賺錢並恰當地管理金錢

信仰：每天加深並實踐信仰

關係：每天投資在穩固的人際關係上

慷慨：每天實踐並學習慷慨

價值：每天持守並實踐好的價值觀

成長：每天尋求並體驗成長

關鍵時刻來臨時，我已經不需在這些事上拔河，因為作法已經確定了，我只需要專心處理眼前的情況，並依據這些準則做決定。

3. 善用危機

既然你開始留意關鍵時刻，你會更充分地利用它，記住，我們每經歷過一次關鍵時刻就會脫胎換骨，但我們回應

這些時刻的方法會帶來不同的改變。許多關鍵時刻伴隨機會而來，也帶來風險，但別怕冒險，最偉大的領導者往往在危險時刻誕生！

　　一般人容易認爲，所有的關鍵時刻都很戲劇化，且早在領導生涯的初期就發生，但我認爲那不是眞的。你不需要突破許多重大難關就可以成就戲劇化的結果，只要一個就夠了。正如愛因斯坦曾說過，他只提出一個相對論，卻使他多年纏繞在煙斗裡。（編註：愛因斯坦工作時慣常將煙斗填滿菸草，置於一旁隨時取用，他在煙霧繚繞中發現了改變時空觀念的相對論。）

　　我相信，如果我持續成長、尋找機會，並接受冒險，就能繼續經歷關鍵時刻；如果我持續做對決定，而且在那些時刻選擇做有益他人的事，我的領導力會不斷成長與進步，到那時，人人皆贏。

關鍵時刻決定你的領導力

應用練習

1. **你的紀錄如何**？回顧你的生活、你在緊要關頭做的決定，以及你經歷過什麼樣的關鍵時刻。把你記得的事件都寫下來，並註明以下三點：

- 當時情形如何
- 你的決定或反應
- 結果

一般而言，你的反應是正面還是負面？那些糟糕的決定有沒有共同的原因？如果你有雅量接受批評，可以向最熟識你的人請益。如果你可以歸納出一個模式，內容是什麼？你要如何改進，才能避免未來做出同樣錯誤的決定？

2. **如何管理你的決定**？以下列清單為例，依據你自己的價值觀與優先次序，製作一張你自己的影響抉擇因素表。

態度：每天選擇並表現正確的態度

優先次序：每天決定並做最重要的事情

健康：每天了解並遵循健康指南

家庭：每天照顧家人並保持聯繫

思想：每天操練並培養好的思想

承諾：每天適當地給出承諾並信守承諾

財務：每天賺錢並恰當地管理金錢

信仰：每天加深並實踐信仰

關係：每天投資在穩固的人際關係上

慷慨：每天實踐並學習慷慨

價值：每天持守並實踐好的價值觀

成長：每天尋求並體驗成長

　　把你的表貼在每天早晨都會看到的地方，用一個月時間每天複習這張表，並且根據影響你做抉擇的因素表來管理每一刻的決定。

　　3. **你對未來的關鍵時刻預備如何**？每一天都要對領導者所面對的典型關鍵時刻保持警覺：

- 開路先鋒：嘗試新東西的機會。
- 心碎打擊：重新評估優先次序的機會。
- 破雲而出：使願景清晰的機會。
- 衝破藩籬：向上提升的機會。

想想看你怎麼充分利用這些機會。

培養領導者小建議

新手領導者處理機會與危機的方式通常定義了他們。要求你指導的人描述他們如何處理關鍵時刻，並解釋如何做出那些決定，以及為什麼這麼做，然後問，根據他們採取的行動，別人會把他們定義成什麼樣的領導者。如果你觀察到的定義與他們的不同，請解釋；如果你觀察到他們未曾察覺的關鍵時刻，請指出。

4 | 當你後面被踢一腳，
你知道你已超越在前

When you get kicked in the rear,
you know you're out in front.

　　領導的代價之一是被人批評。當觀眾欣賞一場比賽，他們會將焦點放在哪裡？當然是領先的選手！很少人會注意領先群以外的選手，所以那些看起來跑不快的選手，不是飽受冷落就是慘遭淘汰；但如果你在比賽中領先群雄，一言一行都引人注目。

　　在我還是個年輕的領導者時，我總想一馬當先，並享受眾人的讚美。同時我不想忍受任何人給予「建設性的批評」。我很快就知道那是不切實際的期望，批評總是伴隨讚美而來。如果你想當個領導者，就必須習慣聽到批評，因為如果你成功了，批評就會如影隨形。總是有人會在雞蛋裡挑骨頭，甚至有些人批評別人之賣力，會讓你以為他們是靠這

● 領導的代價之一是被人批評。

行吃飯的！

　　受到批評令人心灰意冷。有一天我覺得很消沉，就向一個朋友傾訴我疲於應付批評，而他的反應讓我豁然開朗。

　　「身為領導者，當你覺得氣餒時，」他說：「就想想摩西吧。摩西帶領一百萬滿腹牢騷的以色列人長途跋涉四十年，始終未曾抵達他計畫要去的地方。」摩西面臨難以計數的抱怨、批評及牢騷。身為領導者一段時日後，我對摩西的遭遇能感同身受。我敢打賭，如果重新來過，摩西會提醒自己：下次別要求法老讓全部的以色列人民跟他走。

你如何處理批評？

　　我很喜歡那個推銷員在理髮時提到要去羅馬旅行的故事。

　　「羅馬這個城市是名過其實，」在義大利北方出生的理髮師說：「你要搭哪家的飛機啊？」

　　推銷員告訴他航空公司的名字，理髮師回答：「那是一家爛公司！座位太窄、食物糟透了，而且航班老是誤點！你住哪一家旅館？」

　　推銷員報上旅館名稱，理髮師驚呼：「你為什麼住那裡？那一區不好，旅館服務又糟透了。你待在家裡還比較好！」

　　「但我想在那裡做一筆大生意！」推銷員回答：「之後

我希望能見到教宗。」

「想在義大利做生意，你會很失望，」理髮師說：「也別指望見到教宗。他只接見大人物。」

三個星期後，推銷員再度回到理髮店，理髮師問他：「你的旅行如何？」

「太棒了！」推銷員回答：「旅程愉快、旅館服務一流，我也做成了一筆大生意。並且，」為了加強語氣，推銷員停頓了一下：「我見到教宗了！」

「你見到教宗了？」理髮師終於露出感興趣的樣子：「告訴我發生了什麼事！」

「哦，當我覲見他時，我俯身親吻他的戒指。」

「不是開玩笑的吧！他說什麼？」

「他俯視著我的頭說：『孩子，你在哪裡剪這麼糟的髮型？』」

並非每個人都能以這種方式處理批評，有些人試著忽略它，有些人會加以反駁，其他人則是像這名推銷員，用機智詼諧的話語取代批評。無論如何，如果你是個領導者，你必須處理批評。

如何在批評下挺住？

無論職業貴賤、位階高低，所有領導者都得處理否定與批評，學習正面處理是很重要的。希臘哲學家亞里斯多德

● 「唯有不說、不做、無所作為,能輕易躲過批評。」——亞里斯多德

說:「唯有不說、不做、無所作為,能輕易躲過批評。」然而,對於想成功的領導者,這不在選項之列。那你要怎麼做?下列四個步驟幫助我處理批評:

1. 認識你自己,這是真相問題

在我還是年輕的領導者時,我很快就學到樹大招風的道理。太引人注目的領導者通常得在困難的環境中行使職責,例如有間辦公室據說貼了如下啟事:

注意:

這個部門不需要健身計畫,大家做的運動已經很多,包括:驟下結論、火冒三丈、詆毀上司、暗箭傷人、躲避責任、得寸進尺。

無名氏

所以如果你是領導者,招致批評是自然的事。那你該怎麼做?首先,確實檢視你自己,這樣才能成功為自己打下處理批評的基礎。原因在於,領導者遭批評往往是因為他的職位,而非他本身,所以你要有能力區別兩者,而唯一的方法則是了解你自己。

如果批評是衝著職位而來,別把它當一回事,讓它隨風而逝。認識自己必須花上時間與精力,美國開國先賢富蘭克林觀察到:「最『硬』(hard,編註:也有「困難」的意思)

的事莫過以下三者：鋼鐵、鑽石，以及認識自己。」儘管如此，你的努力是不會白費的。

　　我必須承認，這些年來我遭受的批評大多是針對我個人，而非職位。這些批評往往是想幫我進一步認識自己，所以對話通常由這句話開始：「為了你好，我得告訴你一件事」。我發現，他們說是為了我好才告訴我的事情，永遠不會是什麼好事！但我也明白，我最需要聽到的事往往是我最不想聽的。從那些對話，我學到一些關於自己的事，包括下面這些：

- 我缺乏耐心
- 我對執行任務需要的時間及過程可能多困難沒有概念
- 我不喜歡花很多功夫處理人的情緒問題
- 我高估別人的能力
- 我過分假設
- 我太急著授權
- 我急著要所有的可行方案，幾乎把大家逼瘋了
- 我不喜歡規定或限制
- 我很快就決定好自己的優先次序，也期望別人有同樣的態度
- 我很快就處理好爭議，甚至在別人還沒準備好就急著前進

● 當「我批評你」的時候是建設性的批評，當「你批評我」的時候就是破壞性的批評？

顯而易見地，這些自我發現並非什麼恭維，然而這些弱點都是事實。因此接下來的問題是我要如何面對它們。

2. 改變你自己，這是責任問題

當別人對我的批評一針見血，那麼我得改進，這是好領導者部分職責所在。如果我省察自己、承認短處，正確地回應批評，那麼我的生命就開始有正面改變。

作家赫胥黎說過：「你可以知道真相，但真相會讓你發瘋。」我面對批評的第一時間通常沒什麼好反應，有時是覺得受傷，更多時候是憤怒。然而怒氣消退後，我試著判別批評是建設性還是破壞性。（有人說當「我批評你」的時候是建設性的批評，當「你批評我」的時候就是破壞性的批評！）我自問下列問題來決定批評是屬於哪一類：

- **誰批評我**？智者的逆耳忠言遠勝過愚者的熱情贊同。批評的人是誰通常很重要。
- **怎麼批評**？我試著分辨對方到底是武斷認定，還是提出疑問、好言相勸。
- **為何批評**？是出自傷害我的動機或是為了我好？會傷害他人的人不會手軟，他們猛烈抨擊他人是想讓自己好過，而非幫助對方。

無論他們批評的理由是否正當，我的態度才是決定我在

這些不中聽的話中成長或受苦的關鍵。我那位管理專家朋友
布蘭佳（Ken Blanchard）說得對：「有些領導者就像海鷗，
當事情不對勁時，他們飛來攪局，發出一大堆噪音，還鬧得
滿城風雨。」有這種態度的人不僅拒絕為他們製造的麻煩負
責，對與他們共事的人而言，他只會把情況搞砸。只有當人
們放開心胸接受批評時，他們才會變得更好。因此，當我遭
受批評時，我試著經由下列方式保持正確的態度：

- 不自我防衛
- 尋找真相
- 做必要的改變
- 找出最佳解決之道

　　如果我做到以上幾點，就可更進一步了解自己，改進缺
點，做更好的領導者，並與別人維持良好關係。

3. 接納你自己，這是成熟度問題

　　小兒麻痺疫苗的發明人沙克（Jonas Salk）對醫學雖有
驚人貢獻，仍招致許多批評，對此他的觀察是：「人們會先
告訴你，你錯了，然後他們又會說你是對的，但你做什麼並
不重要。最後他們會承認其實你是對的，而且你做的事很重
要，而他們其實一直都知道這點。」好的領導者是如何處理
旁人這種多變的反應呢？他們學習接納自己。如果你已盡力

　　了解自己，也努力改變自己，你還能做什麼呢？

　　教授兼作家巴斯卡利（Leo Buscaglia）建議：「這世上最容易的是做自己；最難的則是做別人要你扮演的角色。不要讓別人把你逼到那個地步。」

　　為了做你理想中最好的人，以及最好的領導者，你需要做好你自己。那不表示你不用成長與改變，只表示得努力去做到最好的你。正如心理學家羅傑斯（Carl Rogers）所說：「矛盾在於，當我完全接納自己時，我就能改變自己了。」因此真實做自己是邁向更好的你的第一步。

　　由於我已經寫過，唯有做你擅長的工作，也就是唯有你了解並接納自我，你才能做得好，在此我就不多說了，不過我仍得強調，接納自我是成熟的象徵。如果你擔心別人怎麼想你，那是因為你對他們的意見比對自己更有信心。企業主管教練兼顧問芭德溫（Judith Bardwick）說：「真正的信心來自認識及接納自我，包括長處與短處，而非倚賴旁人肯定。」

4. 忘記你自己，這是安全感問題

　　有效處理批評的最後一步就是不再把焦點放在自己身上。在我們成長過程中，我們花很多時間擔心別人怎麼看我們。如今我已年屆六十，才發現別人並沒有那麼在意我。

　　有安全感的人忘記自己，所以他們可以把焦點放在別人身上，這樣一來，他們就能面對任何批評，甚至反過來服務

● 一個有安全感的領導者永遠不需要爲自己辯護。

批評的人。在我擔任教會牧師那幾年，我特地每個星期天都出門，主動去接觸批評我的人。我邀請他們出來，向他們問候。我想要他們知道，不管他們對我的態度如何，我重視他們的爲人。

對自己有安全感，而且把焦點放在別人身上，讓我找到與人相處最好的方法。我希望活出愛爾蘭詩人比提（Parkenham Beatty）的觀點，他忠告：「學著倚靠你的靈魂活下去；若有人攔阻你，別在意；若有人恨你，別擔心；唱你自己的歌，做你自己的夢，期盼你所想望的，祈禱你自己的禱文。」

有一天，我有幸指導的年輕領導者諾柏（Perry Noble）與我分享別人批評他時造成的傷害，我感同身受。當他問我該如何回應，我說，一個有安全感的領導者永遠不需要爲自己辯護。

後來諾柏跟我說：「那天我明白了，我花太多時間爲自己遭受批評辯護，卻沒有做眞正該做的事。」再一次，我感同身受。

做爲領導者，我們應當看重責任，但不要把自己看得太重。有一則諺語說道：「自嘲者有福了，他們在自我解嘲中娛樂自己。」我必須說，多年來我一直在自娛娛人。

我的朋友、知名佈道家喬依絲‧邁爾（Joyce Meyer）觀察到：「上帝會幫助你做最好的你，但祂絕不會幫你成功變成別人。」盡其在我是最高的境界，身爲領導者，如果我

們這麼做，就可以把最好的呈現給別人，儘管有時也會遭受
一些打擊，但沒關係，那是領先的代價。

當你後面被踢一腳，你知道你已超越在前

應用練習

1. **你的不足之處在哪裡**？就個人及領導者而言，你什麼地方不夠好？如果你無法回答這個問題，那麼你並不是真的認識自己。若你沒有真正認識自己，你如何能接納不能改變的事，或如何能變成更好的領導者？請五個值得信賴的密友指出你的短處，然後決定你需要改變什麼、需要接受什麼。

2. **身為領導者，你安全感多高**？我看到兩個阻礙領導者發揮潛能的特徵：極度缺乏安全感與防衛心。當別人批評你時，你的第一個反應是充耳不聞、自我防衛，還是反唇相譏？若是這樣，你的回應會妨礙你成為領導者。下次被批評時，學習保持冷靜，把話全部聽完再告訴對方你會思考這些批評，然後花些時間想清楚。

3. **你如何正確地處理批評**？用本章的三個問題來決定批評是否有益於你：

- 誰批評我？
- 怎麼批評？
- 為何批評？

　　當你自問這些問題時，先設定批評者沒有惡意，你才能盡可能客觀。如果批評確實是出於好意，就得想想要如何改變以求進步。

培養領導者小建議

觀察你所帶領的人如何處理批評，不要只從你或他上司的角度，也由他的同事及部屬的觀點去看。他們如何反應？當他們不是出於自願，能否心甘情願改進？當遭受負面回應時，他們能否保有風度？他們把團隊置於自我之上嗎？當他們知道願景是對的，他們仍能親切對待批評者並和睦相處嗎？把你的觀察與他們分享，並提出具體建議以利改進。

5 | 一輩子
都不用工作

Never work a day in your life.

常有人問，我一切成就的關鍵是什麼，姑且不論我是否成功，我的答案通常很簡單：我熱愛所做的一切！我們都聽過這樣的忠告：找你喜歡的事做，即使沒有回報也很開心；然後學著把它做到盡善盡美，人們就會樂意報償你。這是我在職場生涯中做到的。我覺得自己就像愛迪生，他說：「我這一生沒有工作過一天，都是在玩！」

跟著熱情走

跟著你的熱情走，是發現潛力的關鍵，若不先追求前者，就不會找到後者。我猶記當年那件將我生命中的熱情與

● 跟著你的熱情走，是發現潛力的關鍵。

潛力結合的事，發生在我第一份工作任內，地點是印地安納州的希爾罕郡（Hillham）。我是一個小型鄉村教會的牧師，那間教堂已經有一百多年歷史了，外觀實在不怎麼樣，屋頂下陷，而且牆壁已經斜了。我在那兒講道的第一個星期日，總共三個人參加，其中兩個是內人瑪格麗特和我自己！這種情況可能使許多領導者感到洩氣，但我不會。

我有用不完的熱情，要讓會眾人數增加。當朋友來拜訪我倆，我立刻帶他們參觀教堂，儘管走完一圈只需三十秒！我一點也不擔心位置偏僻、建築老舊、會眾稀少，甚至我自己也缺乏經驗。我滿懷熱情，只想幫助別人。

接下來幾個月，我的熱情感染了整個社區，開始愈來愈多人星期日上教堂。新氣象日漸打開，我感覺這是廣納會眾的好時機，所以我提出一個挑戰，目標訂為十月的第一個星期日有 300 名會眾參加。雖然所有會眾都願意幫忙，但多數都覺得這個目標遙不可及，不僅這間小教堂只有 100 個坐席、小停車場只能停放 33 輛車，而且教會有史以來出席人數最多是 135 人。

儘管成功機率微乎其微，每個人依舊全力以赴，我們邀請所有認識的人。那個日子終於來臨，隨著人們魚貫進入教堂，興奮之情逐漸高漲，有些人甚至擠不進來。在我講道之前，信徒領袖宣布聚會人數：「今天我們有 299 人。」人們大聲歡呼，這數目遠超過他們最高的期待，甚至以前所做的任何事。

　　但我仍不滿意，或許是被熱情沖昏頭了吧，我站起來大聲問：「我們今天的目標是多少？」

　　「300人。」群眾回答。

　　「好，如果300是我們的目標，那麼我們就應該做到。你們再唱幾首歌，我出去找一個人進來。然後我們就可以繼續禮拜的程序。」

　　當我大步跨下走道，邁向大門途中，人們瘋狂歡呼，猛拍我的肩膀為我加油。我大受鼓舞，感覺彷彿正在走進超級盃運動場，直到我清醒過來，發現已經在外面了。我的熱情把我帶到新的領域。

　　「現在該怎麼辦？」我自問。我面臨這項任務的考驗。四下張望一番，我看到對街的汽車服務站門口坐著兩個人，老闆柏頓與他的員工哈利斯。我走向他們。

　　「你達成目標了嗎？」我還沒過完馬路，柏頓便問我，郡裡每個人都知道這件事。

　　「還沒，」我回答：「我們那裡現在有299人。」我邊說邊往後指向教堂：「我需要再找1個人加入教會，幫我們達成目標。你們倆哪一位想要成為全山谷的英雄？」

　　他們對望一眼後，柏頓說：「我們倆都要！」

　　柏頓在服務站門外掛上「休息」的牌子，然後我們三個人就一起走回教堂。當我們進門時，全場為之轟動。每個人想做到卻又不敢期待的事真的發生了。

創造突破

印地安納南方那個小城的人們那一天起改頭換面了，我也是，因為我們成就了不可能的任務。晚上當我回想那一天，我知道，是熱情使我們更上層樓，熱情的力量讓一切都不同了。

熱情把一個單純的事件變得意義非凡，而且留下無法抹滅的記憶，也激勵我做了一件通常不會做的事，帶著兩個從未進過教堂的人加入我們的聚會；更為一群人提升了自我形象與自信心。那一天讓所有人了解到，我們的潛力遠大於自己認定的程度。

沒有熱情的人生活常是一成不變，每件事都是「必須做」，而非「想要做」。那感覺就像小艾迪對八歲那年生日禮物的反應。艾迪的祖母熱愛歌劇，每年都有季票可以去看歌劇。艾迪滿八歲那一年，祖母決定是該帶他同行的時候了，所以她帶他去聽歌劇，當做是他的生日禮物。在整場極為沉悶的德語歌劇中，她滿臉陶醉而他坐立不安。

第二天，艾迪的媽媽請他寫謝卡給祖母。他這麼寫：

親愛的祖母：

謝謝你的生日禮物，那是我一直想要的禮物，但不是那麼想要。

愛你的艾迪

●「別讓死雞孵活蛋。」——韓瑞克

熱情是每個人都有的驚人資產，特別是領導者。當別人停下來時，它讓我們繼續前行；它富有感染力，會影響他人跟隨我們；它推著我們度過最艱難的時刻，給我們以前從未發覺的力量；它激勵我們的方式是下列優點無法提供的：

才幹……永遠不足以讓我們發揮潛力。世上有許多人天賦異稟，個人或事業卻從未成功，這一點使我感觸良深，還曾以這個主題寫了一本書《光有才幹不夠：使才幹加值的抉擇》（*Talent Is Never Enough*）。想要做到事業與個人成功，光有才幹不夠。

機會……單靠它永遠不能讓人登峰造極。機會可能為我們開啟一扇門，但通往成功的道路總是漫長而艱辛。當時局艱困時，少了熱情支撐，人們不會善用機會，就無法將潛力發揮得淋漓盡致。我的朋友韓瑞克（Howard Hendricks）說：「別讓死雞孵活蛋。」這話足以說明缺乏熱情的人看到機會也把握不住。

知識……是很好的資產，但不是一切。聰明才智不會把人變成領導者，高級學歷或專業證照也不會。有些最差勁的美國總統一般風評卻是絕頂聰明；但那些最偉大的總統，例如林肯，卻沒受過什麼正式教育。所以正規教育不會把你變成領導者。我擁有三個高等教育學位，其中一個還是博士，

但我相信它們對我做成功的領袖貢獻極小。

一個好團隊……仍可能不夠。沒有好團隊，領導者便無法成功，這話所言不虛；但擁有好團隊，仍不能保證成功，如果團隊缺乏中心思想，領導方針又模糊不清。此外，如果團隊一開始很強，領導者卻軟弱又缺乏熱情，團隊最終也會和他一樣。正如《領導力21法則》裡的「磁力法則」所言：「我們是怎樣的人，就吸引怎樣的人來跟隨，而非吸引我們想要的人。」

領導者需要什麼元素才能成功？熱情，它真的能讓一切截然不同。它把卓越從平凡中分離出來。當我回顧職涯，看到熱情驅使我做到以下的事情：

- 相信我原先不會相信的事
- 感覺我原先不會感覺的事
- 嘗試我原先不會嘗試的事
- 成就我原先不會成就的事
- 遇見我原先不會遇見的人
- 激勵我原先不會激勵的人
- 帶領我原先不會帶領的人

熱情在我的生命中造成不可思議的改變，前奇異執行長

●「這世界屬於充滿熱情且驅動力很強的領袖……不但自己精力充
　沛，也能激勵部屬。」——威爾許

傑克·威爾許（Jack Welch）說：「這世界屬於充滿熱情且
驅力很強的領袖……不但自己精力充沛，也能激勵部屬。」
多年來我所觀察的對象裡，尚未看到缺乏熱情卻能發揮潛力
的人。

忘記金錢，跟隨你的熱情

　　愛比恩（Mark Albion）在著作《預約成功的12堂課》
（*Making a Life, Making a Living*）中寫下一個深具啟發的研
究，探討大學畢業後分道揚鑣的兩類商界人士。這裡是他說
的：

　　一項自1960到1980年的研究，追蹤了1,500名商學院
畢業生的職業。一開始，畢業生就分成兩類。A類的人表示
賺錢第一，之後就能做他們真正想做的事——在他們滿足經
濟考量以後。B類的人先追求真正的興趣，確定金錢也會隨
之而來。

　　兩類各佔百分之幾？

　　調查中的1,500人，現在就要錢的A類是83%，即
1,245人。冒險者B類為17%，即255個畢業生。

　　二十年後共有101個百萬富翁。1個來自A類，100個
來自B類。

　　做這項研究的布拉尼（Scrully Blotnick）下結論：「絕

大多數的有錢人能致富，要歸因於他們的工作深深吸引他們。他們的『運氣』來自他們對所喜愛領域自然的獻身。」[4]

當人們追求他們真正熱切想望的東西時，一切便全然改觀了，因為熱情讓他們傾注精力及渴望，也讓他們全心求勝。正如作家安布羅斯（David Ambrose）所說：「如果你有贏的意願，就成功了一半；如果你沒有，就失敗了一半。」所以你要充分發揮潛能，找到你的熱情。

我想我很幸運，因為我的工作及職業是我所熱愛的。很早以前在希爾罕郡，我發現熱情與潛力息息相關，近四十年來，充沛精力更是我賴以維生的本錢，它來自於我做我所愛的事，並樂在其中的這份熱情。

對大多數人而言，工作與玩樂天差地遠，工作是謀生必要的手段，可讓他們有一天能去做他們想做的事。不要這樣過生活！擇你所喜愛做的事，適當調整讓它與你的生活結合。最棒的工作會讓你分不清工作與玩樂的界限。

一輩子都不用工作

應用練習

1. **你真正熱愛的是什麼？**你熱愛做什麼，甚至可以不求回報？如果你從未想過這個問題，做點腦力激盪，想出一張清單。

2. **你對目前的工作有多少熱情？**你的職業比較像工作還是玩樂？每種行業都有苦的一面，沒有哪一行總是好玩的，但找到對的行業就不該覺得像在做一門苦差事。你覺得你樂在其中的百分比有多高？你可以用下列等級表判斷目前是否找到合意的工作：

90% 或以上：你已經找到「甜蜜點」（sweet spot；編註：高爾夫球術語，指桿頭的完美打擊點，能使球飛得特別遠），高聲慶祝吧！

75% ― 89%：稍微調整到可以與你的熱情一致。

50% ― 74%：你需要大幅調整。

49% 或更少：你得換工作甚至轉行。

3. **你如何跟隨你的熱情？**如果你不屬於 90% 或以上那一級，你需要評估該做什麼調整，有時在組織內內調就可以把人

擺對位子，有時換個組織會有幫助。如果你在49%或更少那一級，試著從上述第一個問題的答案，找到你可以轉換的工作領域。

無論你在哪一級，徹底想通，並逐項寫下有助你轉換跑道所需的步驟。

培養領導者小建議

職場上，多數人都習慣為老闆工作，而老闆通常只在乎事情做好沒，卻不關心員工本身；多數人從未遇過一個領導者，願意幫他們找到夢想及生命中獨一無二的目的。你可以成為那個改變現況的人。坐下來與你指導的人談談他們生命中最重要的事，也把你的觀察與他們分享。如果他們不適合目前的工作，廣思各種可以幫他們轉換職位、部門，或組織的可能性。

6 | 最好的領導者是聆聽者

The best leaders are listeners.

　　山普（Steven Sample）在其著作《領導的逆向思考》（*The Contrarian's Guide To Leadership*）中寫道：「凡夫俗子都有三種錯覺：（1）自己是個好駕駛；（2）自己很有幽默感；（3）自己善於聆聽。」我三個都犯了！

　　我一輩子也不會忘記曾有一位女同事當面抱怨我很不善於聆聽。她說：「約翰，當別人跟你談話時，你常常心不在焉，而且東張西望。我們不確定你到底有沒有在聽！」

　　我吃了一驚，因為我和多數人一樣，真的以為自己是個懂得聆聽的人。首先，我向她道歉，因為我相信她的意見是對的，也知道她是鼓足勇氣才敢當面說這些話（那時我是她的老闆）。緊接著，我開始嘗試改變。往後幾年，每次開會

● 「許多領導者是糟糕的聆聽者,他們其實覺得說話比聆聽重要。」——山普

我都會在筆記本的某個角落寫下「聽」這個字,以提醒自己要「聽進去」。有時我會寫「聽+看」,提醒自己聽話時要「看著」對方。那對我的領導成效造成很大的改變。

山普說:「許多領導者是糟糕的聆聽者,他們其實覺得說話比聆聽重要。但逆向思考的領導者知道先聽再說更好,而且他們聆聽時很有技巧!」

善於聆聽的人受益良多,甚至遠超過我們的認知。最近我讀到藍致(Jim Lange)的書《流血者》(Bleedership),裡面有則幽默的小插曲。

兩個窮鄉巴佬去森林裡打獵,其中一個突然倒地,看起來似乎停止呼吸,雙眼也翻白了。

另一個很快地掏出手機打119求援。

他慌張地對接線生說:「布巴死了!我該怎麼做?」

接線生以一派鎮定的聲音回答:「放輕鬆點,我來幫你。首先,讓我們先確定他真的死了。」

先是一陣靜默,然後傳出一聲槍響。

獵人的聲音又出現了:「好了,再來呢?」

這兩個窮鄉巴佬的故事說明一個道理,我們往往聽到別人說的話,卻沒有聽進去對方想傳達的真正意思。上述那個求援的獵人只聽到接線生的話,然後就照字面上的意思去做,確定他的同伴是死了。但如果他真的聽懂接線生的話,我想他不會射死他的夥伴。[5]

這個故事聽起來可能挺蠢的，但蘊含一個重要的眞理。當我們只是聽卻沒有懂，領導過程注定會波折不斷，甚至部屬也遭殃。

有一次我讀到一個研究，說我們只聽到別人所說的一半、聽進所聽到的一半、了解聽進耳裡的一半、相信了解的一半，而且只記得相信的一半。若你把這些假設套用到一天8小時的工作時間，上述研究便代表：

- 你花了半個工作天、差不多4個小時聽人說話。
- 你大概聽到2小時。
- 你眞正聽進去的約莫1個小時。
- 你只了解其中的30分鐘。
- 你只相信其中的15分鐘。
- 說了那麼多，你記得的不到8分鐘！

那是很難看的數字，表示我們都需要更努力地主動聆聽！

為什麼聆聽者更有效能？

由於我很想做一個更有效能的領導者，多年來我積極觀察其他領導者，特別注意那些好的領導者怎麼聽別人說話。關於善於聆聽對領導力的影響，在此我提供一些結論：

● 領導力源自於了解他人。

1. 領導別人前先了解他們

領導力源自於了解他人,所以一個人如果想擔起領導的責任,就必須洞察人心,敏於感受團隊夥伴心中的期盼與夢想。在《領導力21法則》裡,我提及「親和力法則」:「得人之前必先得其心。」如果你不試著先聆聽,並進一步了解團隊夥伴,你不可能與他們心手相連。向一個你未曾費心建立關係的人請求幫助,非但對對方不公平,也不會有效果。如果你想與人們更緊密連結,必須把了解他們設為你的目標。

2. 聆聽是學習的最佳管道

人生來有一張嘴、兩隻耳絕非意外,當我們不去聽,同時就封閉了更多學習的潛力。你可能聽過「看了才能相信」(seeing is believing)這句諺語,其實聆聽亦然,我們要仔細聽了才會相信。談話節目主持人賴瑞金說:「我每天早上提醒自己,我今天說的任何話都教不了我任何東西。如果我還想學到東西,就必須聽別人說。」

1997年我搬到喬治亞州的亞特蘭大後,馬上就發現非洲裔美國人社群對那個城市的影響力,所以我想跟他們建立關係,學著了解他們。我請朋友常德(Sam Chand)安排四場與幾位重要非裔美國人的午餐會。對我而言,那是一生中最棒的學習經驗之一,在那些時間裡我們充分認識彼此,我

提問並聆聽他們述說美好的故事，可以說每次餐會結束時，我都交到新朋友、倍加尊敬他們及他們的生活經驗。其間許多人難掩驚訝地說，我有多年領導經驗，居然沒有企圖傳授他們領導學，反而當起學生，讓他們當老師。如果我真的企圖教別人，我就什麼也學不到了。直到今天，那些午餐會結交的領導者和我仍然是朋友，我仍保持聆聽與學習的態度。

3. 聆聽能讓問題不擴大

有一句美國印第安查拉幾族（Cherokee）的諺語說：「聆聽低聲耳語，你就不會聽到大聲尖叫。」好的領導者會關注小事、留意自己的直覺，也細查沒說出口的話。這需要的不只是好的聆聽技巧，也需要善於了解他人，並且要有足夠的安全感，才能在要求他人開誠佈公溝通時，自己不會因對方的說法而起了防衛心。想當個有力的領導者，你必須讓別人告訴你需要聽什麼，而不一定是你想要聽的。

前大陸航空執行長貝森（Gordon Bethune）將這個想法帶到更高境界，他勸道：「確定你只會聘僱那些當你迷失方向、深鎖大門時，敢一腳踢開大門的人。如果你不喜歡某人的意見，也許可以置之不理，但如果他提得出數據資料佐證，你的理智就應該要戰勝自尊心。」[6]

當人們掌握更多權力時，會對部屬不耐煩，這是人類的通病。領導者喜歡看到結果，不幸的是，他們往往太偏重行動而無心聆聽。但是，聽而不聞是封閉心態的第一個症狀，

而封閉心態一定會損害你的領導力。

　　人們愈往領導階梯上方爬，權力愈大，就愈不會被強迫聆聽別人，然而，這時的他們卻比以前更需要聆聽！在領導者距離前線愈遠時，就愈需要靠別人提供精確的訊息，如果他們還沒養成仔細聆聽的習慣，就得不到想知道的事實。當領導者像瞎子摸象，看不清事實，不管這時組織出了什麼問題，往後只會每下愈況。

4. 聆聽建立起信任

　　有力的領導者總是善於溝通，而不只是善於說話。曾任職賓州大學精神科醫師兼教授的柏恩斯（David Burns）指出：「當你試著說服別人，卻一開口就先表達自己的想法與感覺，你就犯了最大錯誤。多數人真正需要的是被聆聽、尊重與了解，所以當他們知道被理解的那一刻，就受到鼓舞，願意進一步了解你的觀點。」

　　作家兼演說家崔西（Brian Tracy）說：「聆聽建立起信任，這是一切永續關係的基礎。」當我的員工當面指正我聆聽技巧差勁，她其實是說我不值得信賴，因為她不知道把想法、意見與感覺告訴我是否安全。我努力成為一個更專注的聆聽者，才能贏得她的信任。

　　當領導者聽取跟隨者的話，採用這些意見做出改進，並造福這些發表意見的人及整個組織，那麼跟隨者就願意信任領導者。反之，當領導者不去聆聽，會傷害領導者與跟隨者

●「聆聽能區別出二流與一流的公司。」——艾科卡

的關係，跟隨者不再相信領導者願意聆聽，開始另尋良主。

5. 聆聽能帶動組織進步

　　當領導者用心聆聽，最終組織就會更好。前克萊斯勒執行長艾科卡主張：「聆聽能區別出二流與一流的公司。」那意味著，在組織裡領導者傾聽的對象不分職位、層級高低，而是上至客戶、下至員工以及其他領導者。

　　總部位於德州達拉斯市的齊利斯（Chili's），是全國大型連鎖餐廳之一，以領導者善於聆聽爲榮。昔日老闆兼執行長布林克（Norman Brinker）相信，與員工及顧客維持良好關係的祕訣，在於有回應的溝通。他也注意到這樣的溝通獲益良多，餐廳裡幾乎80%的菜單都來自於店長的建議。

　　聆聽總是好處多多，因爲你知道得愈多，你愈能以領導者角度思考並明察事理。《君主論》（The Prince）作者馬基維利（Niccolo Machiavelli）寫道：「頭腦有三種，一種能夠爲自己想，另一種能了解別人怎麼想，第三種是既不能爲自己想，也不能了解別人怎麼想。」第一種最棒、第二種很棒、第三種則一文不值。想做個好的領導者，你不僅得爲自己想，也要能了解別人的想法，進一步學習他們怎麼想。

　　有沒有可能領導者不願傾聽？當然有。你去與全國各地公司員工聊天，他們會告訴你，他們就是爲那些從不聽部屬說話的人工作。但有沒有可能好領導者拒絕聆聽？答案是當然沒有。若不去聆聽各方聲音，沒有人能帶領自己及組織走

到最高境界。如果你不認識你的員工、不知道他們想往哪裡去、他們關心什麼、他們怎麼想，以及他們該貢獻什麼，你無法讓他們善盡其才，就這麼簡單。只有用心聆聽，你才能學到這些事情。

　　作家與演說家羅恩（Jim Rohn）說：「你能給別人最棒的禮物便是專注。」我相信那是真的，但聆聽卻不僅是送跟隨者一個禮物，領導者自己也受益匪淺，因為當領導者聆聽時，他們就接受了對方的洞見、知識、智慧與尊重，這將能動員組織所有的資產共建大業。這是何等奇妙的禮物。

最好的領導者是聆聽者

應用練習

1. **檢視你聽的能力。**未來幾次你開會時，請助理或同事記錄你各花幾分鐘說話與聆聽，如果花在聆聽的時間不到80%，你需要改進。試試在筆記本上寫下「聽」這個方法。

2. **誰覺得沒被聽到？**如果與你共事或一起生活的人覺得你沒在聽他們講話，從他們臉上的表情就可以看出來。想想你生命中最重要的人，下次與他們說話時，停下手邊的事，全神貫注並看著他們的眼睛聆聽。如果你看到他們表現驚訝、閃躲甚至有敵意，也許是因為他們過去覺得你從沒有真正聆聽。你以此為主題與對方聊聊，問他們你過去是否都不專心聽，然後讓他們說話。不要為自己辯護，只要釐清真相，如果有必要就道歉。

3. **你忽略向哪些人徵詢意見？**有力的領導者是積極的聆聽者，我的意思是說，他們不只是聽那些走上前說話的人，也主動從共事的主管或部屬那裡找出別人的想法、意見及感覺。如果你最近沒有與重要人物談話，去找他們，聽聽他們的意見。

培養領導者小建議

個別給你指導的人一項聆聽功課，要求他在你們一起參加
的會議中，扮演「專注的聆聽者」角色。告訴他作業內容
是：（1）寫下會議討論內容；（2）尋找並記錄下與會者
的肢體語言及回應；（3）記下他們自己會議時的感覺，
和那些沒有說出口的話。會議後，請他們提出見解與結
論，然後與他們分享你觀察到的互動。

7 | 找到你的強項，
並專注發展

Getting in the zone and stay there.

你記得你的第一堂領導課嗎？我記得我的第一堂領導課，是我父親教的。他過去常常告訴我哥哥、姊姊與我：「找出你在行的事，並持續努力。」那不是信口說說的忠告，我的父母把那句話當成使命，立志幫助我們在年紀大到可以離家去闖天下前，找到並好好發展自己的長處。

父親以身作則，加深那個忠告對我們的影響。他有一種不可思議的能力，可以持續專注在他擅長的領域。那份專注力，加上貫徹始終的決心，使他的事業一帆風順。他專注在他所擅長的事。父親是我生命中最能鼓舞我的人，這是原因之一。

● 無論你是初出茅廬或處於事業顛峰，你愈努力在擅長的領域發揮，就會愈成功。

搜尋長處

當我初入職場，便堅定要找到擅長的領域並專心發展。然而，起初幾年我在工作中相當受挫，正如許多經驗不夠的領導者，我嘗試做各種不同的事以發掘自己的拿手本領，而人們對我要做什麼及如何帶領他們的期望，卻不一定符合我的長處。例如我有責任和義務去完成的工作，有時候與我的才華和技能完全不相干，結果是我常覺得自己很無能。我花了好幾年才把一切理清楚、找到我擅長的領域，然後聘請並培育其他人來補強我的短處。

如果你是個年輕的領導者，還不確定自己的長處在哪裡，先別洩氣，耐著性子把它找出來。我的看法是，無論你是初出茅廬或處於事業顛峰，你愈努力在擅長的領域發揮，就會愈成功。

定義個人成功

多年來我聽過很多人對成功下許多不同的定義，事實上，在不同的人生階段裡，我自己也下過不同的定義。但在過去這十五年，無論什麼人，他們做什麼事，我只看到一個精確捕捉成功真義的定義，我相信成功是：

● 人們的生命目的永遠與天賦息息相關。

　　　　知道你這一生目的何在，
　　　　發揮你最大的潛力，
　　　　並播下造福人群的種子。

　　如果你能做到這三件事情，那就算成功了。然而，除非你先發現並留在擅長的領域，否則上列各項無一可能成真。

　　我很喜歡一個故事，描述街坊裡一群男孩蓋了個樹屋，把它打點成自己的俱樂部。大人一一詢問每個人的職稱，在聽到一個四歲男孩獲選為會長時，沒有人不表詫異。

　　「那個男孩一定是個天生的領導者，」其中一個爸爸觀察：「你們這些大男孩怎麼會選他呢？」

　　「喔，爸爸，你看看，」他兒子回答：「他既不會讀、也不會寫，不能當個好祕書；他不會算數，不能當財務；他個頭太小，無法把任何人趕出去，不能當衛兵。如果我們完全不選他，他會很難過，所以我們讓他當會長。」

　　現實當然不是那樣運作，你不會平白變成領導者，你必須刻意經營，而且要從你的長處著手。

　　每當我指導別人，幫他們尋找生命目的，我總是鼓勵他們從發現長處開始，避免發掘短處。為什麼？人們的生命目的永遠與天賦息息相關，這是再自然不過的道理，因此上帝不會叫你去做你不擅長的事。當你發現並留在擅長的領域發揮，你就會發現生命的目的。

　　同樣的道理，如果你持續在擅長的領域之外工作，就無

法發揮最大潛力。進步總是跟能力相關，你與生俱來的能力愈強，進步的潛力就愈大。有些我認識的人認為，發揮最大潛力的方法是補強自身弱點，但當你把全部時間花在改進弱點，而非發展長處，你知道會有什麼結果嗎？如果你真的很努力這麼做，可能終其一生都只是庸庸碌碌，永遠無法超越這個境界。沒有人會羨慕或嘉獎平庸。

填滿人生拼圖的最後一塊圖片是，活出造福別人的生命，這一步永遠需要我們付出最好、而非最壞的那部分。你若只給殘羹剩菜或表現平庸，不能改變世界；只有付出最好的那部分，才能為別人加分、提升他們。

找出你自己的強項

英國詩人、也是辭典編纂者山繆·強生（Samuel Johnson）說：「幾乎每個人都會浪費一段生命在企圖展現他沒有的特質。」如果你的腦海中有個願景，涵蓋了所有人們應當擁有的才華，但你卻都不具備，你很難找到自己真正的長處。你必須要發現自己是誰，並順應發展。以下有些建議可以幫助你：

1. 自問：「什麼事我做得比較好？」

充分發揮潛力的人不常問：「我把什麼事做對了？」而是常問：「我把什麼事做得比較好？」前者是道德問題，後

者是才華問題，你本應當全力以赴把事情做對，但做對事情不代表跟你的才華有關。

2. 要明確

當我們思索自身長處時，往往會想得太廣。現代管理學之父杜拉克（Peter Drucker）這麼寫：「最大的迷思不是為什麼人們會把事情搞砸，而是為什麼他們偶爾會做好一些事。無能是很普遍的事，但一個人的長處卻總是明確的！舉例而言，沒有人會批評偉大的小提琴家海飛茲（Jascha Heifetz）小號吹得不好。」你愈清楚長處何在，就愈可能找到最佳擊球點。當你有機會留在擅長領域的中心時，為什麼要徘徊在邊緣呢？

3. 聆聽別人讚美什麼

往往我們把才華視為理所當然，認為我們能把事情做得好，別人也都可以。但你如何知道你忽略了一項技巧或才華？聆聽別人怎麼說，你的長處會抓住別人的注意力，並把他們吸引過來。反過來說，當你做不拿手的工作時，很少人會對你感興趣。如果別人持續在某個領域讚美你，開始去發展那方面的特長。

4. 檢視競爭關係

你不會想花全部的時間與別人比較，那沒什麼好處；但

●「如果你沒有競爭優勢，就不要競爭。」——威爾許

你也不會想浪費時間在別人做得比你好的事。前奇異公司執行長傑克‧威爾許主張：「如果你沒有競爭優勢，就不要競爭。」人們不會為資質平庸付錢，如果你的才華不足以出類拔萃，那就把你的焦點轉移到別的地方。

如果你想更清楚看到自己在競爭關係中的地位，自問下列問題：

- 有別人跟我做一樣的事嗎？
- 他們做得好嗎？
- 他們做得比我好嗎？
- 我能比他們更好嗎？
- 如果我變得比他們好，結果會是什麼？
- 如果沒有變得比他們好，結果會是什麼？

最後一個問題的答案是：你輸了。為什麼？因為你的對手是在他們擅長的領域工作，但你不是！

前職棒明星捕手桑伯格（Jim Sundberg）勸告：「發現你的獨特之處，然後訓練自己去發展它。」一直以來我都嘗試這麼做。許多年前我就發現溝通是我的強項之一，當人們聽我說話總是會深獲激勵，不久後，我得到許多機會，可以與其他善於激發熱情的人同台演說。起初我臨場卻步，因為他們講得太好了，但當我開始聽他們說話時，不斷自問：「怎麼做能讓我與眾不同？」我覺得要做得比他們好或許不

● 最優秀的領導者具有一種特質，能夠發現別人的特長與不足，
　並把每個人放到最適合的位置。

可能，但我可能做得到獨樹一格。隨著時光推移，我發現了
那個不同之處並加以發展，我立志做個激發人心的導師，而
不僅是演講者；我要人們不僅樂於接受我分享的經驗，更能
把我教導的內容應用在生活上。二十多年來，我不斷在生活
中自我訓練，發展那獨特之處。那裡就是我的位置、我的強
項區。

幫你的部屬發展強項

　　當你看到事業成功的人，可以非常確定他們是待在強項
區，但如果你希望做一個成功的領導者，單是那樣還不夠。
好領導者會幫助別人發現他們的強項，還能夠讓他們適得其
所。事實上，最優秀的領導者具有一種特質，能夠發現別人
的特長與不足，並把每個人放到最適合的位置。

　　悲哀的是，多數人不是在自己的強項上工作，所以發揮
不了潛力。民意調查機構蓋洛普（Gallup）曾在職場調查
170萬人，他們發現只有20%的員工認為每天都在工作中發
揮所長[7]。依我看來，這絕大部分是領導者的錯，他們無法
幫下面的人發現長處，並把人放在組織裡合適的位置，使他
們的長處成為一項珍貴的資產。

　　杜拉克基金會董事長賀賽蘋（Frances Hesselbein）在著
作《賀賽蘋談領導》（*Hesselbein on Leadership*）中寫道：
「杜拉克提醒我們，組織存在是要讓人們發揮長處、淡化短

處，這就是領導者的職責。他也說，世界上可能有天生的領導者，但為數太少，無法指望他們起帶頭作用。」

如果你想當個有力的領導者，就必須培養幫助別人在強項區發展長處的能力。但你該怎麼做？

認識你的團隊成員

你的團隊成員有什麼優、缺點？在團隊中他們與誰關係密切？他們在工作中有所成長而且未來有更大潛力嗎？他們的工作態度對組織來說是資產還是負債？他們樂在工作而且做得好嗎？這些都是領導者必須回答的問題。

與團隊成員個別溝通，看他是否適得其所

他們可端得上檯面的長處是什麼？哪些時候他們的貢獻特別寶貴？他們如何與其他成員互補？他們需要其他成員截長補短之處是？人們愈清楚他們融入團隊的程度，就愈渴望充分利用這個緊密度，也愈願意做出最大貢獻。

與所有成員溝通，看每個人的角色是否合適

顯然，若無團隊合作，你不可能組成一支常勝軍，然而，不是每個領導者都會設法幫助團隊並肩合作。如果你與所有團隊成員溝通，看看彼此間適應得如何，以及他們在工作本分上發揮什麼長處，可以為成員贏得對彼此的重視與尊敬。

強調互相成全好過於互相競爭

　　良性競爭在團隊成員間是件好事，因爲可以激勵每個人全力以赴，但最終，所有的成員必須爲團隊彼此合作，而非只爲他們自己。

　　某些領導者可能會覺得，完全將焦點放在發展長處、而不是加強弱點，似乎違反直覺。數年前，我花一天與幾家公司領導者講習，我發表的主題之一是「留在強項區的重要性」。我再三鼓勵他們，不要在突顯短處的領域內工作。在問答時段中，有位執行長推翻這個主意。他舉的例子是美國職業高爾夫球名將老虎伍茲。

　　「當老虎伍茲打壞了一局球時，」他觀察到：「他直接走到練習場，一練就好幾個小時。你看，他就是在弱點下功夫。」

　　「不，」我回答：「他是在長處下功夫。老虎伍茲是全世界最頂尖的高爾夫球手，他是在練習擊球，不是去學會計、音樂或籃球。所以他是在強項區裡針對弱點下功夫，那永遠會帶來正面的結果。」

　　在強項區針對弱點下功夫，一定會比在短處區針對長處下功夫，更容易看到好的結果。我也喜愛打高爾夫球，但就算我勤於練習擊球，也絕不可能進步神速。爲什麼？因爲我只是個球技普通的愛好者，不會登峰造極，充其量只能保持現狀。如果我想進步，就必須繼續加強領導及溝通能力，那

些才是我的強項區。

　　你的強項區在哪裡？如果你正身處其中，那麼你就是在投資未來的成功之路。

找到你的強項，並專注發展

應用練習

1. **你找出你的強項了嗎**？如果你、我有機會可以坐下來談談，你能說出你的長處嗎？你可以講得多明確？你愈資深、愈有經驗，就應該能夠愈明確。如果你不確定長處何在，可循著本章的建議去發掘：想想看你什麼做得好、聽同事怎麼說你的才華，並分析你在何處可以勝過對手。

2. **你在工作上有發揮所長嗎**？列出你在工作中做得最好的三件事，然後自問以下三個問題：

- 這些事你做得愈來愈多，還是愈來愈少？
- 你愈來愈往這三項發展，還是離得愈來愈遠？
- 你願意帶進可以補強你長處的人嗎？

如果有任何一個問題的答案是否定的，你得更積極進入強項區。

3. **你正帶領團隊成員進入他們的強項區嗎**？如果你是領導者，你的團隊要靠你幫他們找到強項，並放到對的位置。關於這一點，你做了什麼來幫助每個人？如果你無法舉出具體的行

動，那麼你要立刻遵循本章的建議來幫助他們。

培養領導者小建議

與每個你指導的人坐下來討論他們的長處，要求他們描述自己的表現。根據他們過去的表現及你的觀察給予回應，並幫他們澄清對自己的誤解，然後交給他們要充分發揮長處的責任。如果你指導的人已經知道自己的長處，也已在那方面身體力行，那就幫他們擬定一套策略，為他們帶領的人找出、鼓勵並發展長處，記得要他們向你報告後續進度。

8 | 領導者的首要責任是定義現實狀況

A leader's first responsibility is to
define reality.

　　我第一次聽到「領導者的首要責任是定義現實狀況」的
說法，是出自領導學專家兼作家德普力（Max DePree），當
下我覺得他的主張有道理，而且我也深表贊同，但這不表示
我天生諳於此道。

　　我上過的所有領導學課程裡，這一課最難。我可以宣導
積極思考，我渾身是勁，想帶給人希望，並鼓勵別人。我總
是情不自禁想這麼做。結果是，我的哲學有點像幽默學家凱
勒（Garrison Keillor）說的：「有時真相雖然盡收眼底，你
還是會假裝沒看見！」這話在我身上千真萬確。我不喜歡太
注重實際，偶爾也抗拒「領導者的首要責任是定義現實狀況」
這種想法，結果讓我付出極大代價，但五十四歲那一年，我

● 「面對當下的現實，而非過去的、或你希望的現實。」——威爾許

終於學到寶貴的一課！

你無法面對你看不到的

我常常這麼說：人們只有在三種情況下才會改變，一是傷夠了，不得不改變；二是學夠了，想要有所改變；三是領受夠多了，有能力改變。以我而言，痛苦惕勵我學習。2001年，我不得不正視一個痛苦的事實：我名下一間公司不斷賠錢，而且像多頭馬車一樣漫無目的地發展。這個問題並非突然冒出來，在這之前的五年間，有各種跡象暗示我應該著手改變，但我一直不願意；我早該撤換領導團隊，但我不想這麼做，因為我喜愛這個小圈圈。年復一年，我情願自行吸收公司的小幅虧損，但五年之後，赤字加大並造成損害。

我哥哥賴瑞天生是做生意的料，而且總是很務實，他一直告誡我得面對現實，痛下決定。身為領導者，我知道致勝的第一條規則是「別自打嘴巴」，但我不願面對真相，也不做改變，其實就是在自打嘴巴，而且也開始覺得很氣餒。所以當內人瑪格麗特和我去倫敦旅行兩週時，我決定全力處理這些事，並做了些決定。為了幫自己徹底把事情想通，並處理這些決定，我讀了當時剛出版的一本書《傑克：全憑膽識》（*Jack: Straight from the gut*），作者是傑克・威爾許。我在書中讀到以下六項成功領導的規則：

1. 主宰你的命運，否則別人會來主宰。
2. 面對當下的現實，而非過去的、或你希望的現實。
3. 坦誠以對每個人。
4. 不要管理，要領導。
5. 在你不得不改變之前就先改變。
6. 如果你沒有競爭優勢，就不要競爭。

當我讀到這位「執行長中的執行長」的忠告，我恍然大悟，他舉出的六項成功領導規則中，有五項與面對現實有關，這個頓悟彷彿是一盆冷水當頭澆下。我回家後，召集身邊的重要人士，先把六個規則唸給他們聽，接著宣佈我將要做的內部變革。此後三年，這六項原則一直收在我的公事包裡，常常拿出來一讀再讀，特別是面臨困難的領導抉擇時。

願景 ≠ 幻想

阻礙潛在領導者的重重陷阱之一就是，專心致志去達成願景的意欲過強，因而看不見眞相。好的領導者則既有願景又很實際。在我的書《領導團隊17法則》裡，有個「記分板法則」講到：「當團隊知道在組織中的地位，就能做調整。」換句話說，認清現實是積極改變的基礎；如果你不面對現實，你就做不出必要的改變。

易薩姆與班迪律師事務所（Easum Bandy & Associates）

●「務實的領導者力求客觀，把錯覺降到最低，因爲他們了解自欺
　欺人會犧牲掉願景。」──易薩姆

的總裁與資深管理合夥人比爾‧易薩姆（Bill Easum）主
張：「務實的領導者力求客觀，把錯覺降到最低，因爲他們
了解自欺欺人會犧牲掉願景。」那對我而言是眞的。我太相
信他人，而且渴望保護我所愛的人，這不僅讓我看不清現
實，也讓我無法據實說出他們的表現傷害了公司。

　　如果你像我一樣是樂觀主義者，並且也天生就善於鼓勵
他人，那麼你格外需要正視眞相，並要站穩腳步。你得一直
務實地留意以下幾個重點：

- **情況**──通常比你想的糟。
- **過程**──通常比你想的久。
- **代價**──總是比你想的高。

　　如果你今天不切實際，明天你就失去信譽，正如我的朋
友史丹利（Andy Stanley）說的：「面對眼前的眞相往往是
不愉快的，但卻是必須的。」

檢視現實

　　在《動盪時代的管理》（*Managing in Turbulent Times*）
中，杜拉克寫道：「動盪的時刻是危險的時刻，其中最危險
莫過於否認現實這個誘惑。」[8] 爲了避免讓自己陷入那樣的危
險，幾年前我列出下面問題，它們幫助我處理生活中不愉快

但卻必須解決的事，也許它們也能幫助你：

幫助我定義真相的問題——

1. 在這情況下，現實狀況是什麼？別人同意我的評估嗎？

2. 我能明辨每個爭論的重點嗎？我能否解構現實狀況，更深入了解？

3. 這些爭議能解決嗎？把可以解決的與不可以解決的爭議分開。

4. 有什麼選擇可供參考？建立一套作戰計畫。

5. 我是否願意遵循這個作戰計畫？身為領導者，我的投入有其必要。

6. 我的領導者團隊是否會遵循這個作戰計畫？身為領導者，他們的投入同樣重要。

這些問題迫使我實際檢視這些爭議，而非文過飾非，甚至任其惡化。

身為領導者，無論做或不做，都會產生後果。我們可以嘗試營造出一個不實的外表或生活方式，但有一天終究得付出真正的代價，躲也躲不掉，這正是我活生生的例子。

公司賠錢多年後，我必須賣掉某個投資案裡的一大筆股權才能補那個洞，每一分錢都是從我的荷包裡掏出來。曾有人說：「你可以永遠愚弄某些人，甚至可以短時間內愚弄全

部的人，那應該也就綽綽有餘了。」身為領導者，我是受愚弄的人，最糟的是，我自作自受！天底下頭號傻瓜就是愚弄自己的人。

身為領導者，面對現實的能力代表他是否能欣然接受務實的想法，以便能比周圍的人更清楚地看到往後行動的結果。為什麼那很重要呢？因為當你是領導者，其他人要仰仗你。在組織中我若無法正確面對現實，最終不僅傷害我自己，也殃及池魚。人們失去工作、所有團隊四分五裂、夢想無法實現，而最悲哀的是，有些友誼也宣告結束。

防範不切實際的想法

雖然我終於學到寶貴的一課，但在這方面還是不敢信任自己。我與生俱來的傾向是喜歡褒善貶惡，所以我必須提防這種天賦傾向。問自己問題以面對現實還不夠，我必須做得更多，下列四項練習是我試著遵循的方法：

1. 承認我的缺點

正如一個有酗酒問題的人，只要去匿名戒酒會說「我是個酒鬼」就可以得到幫助，我也必須對他人坦白招供：「我是個不切實際的人」。承認我的缺點是走向康復的第一步。如果你不能面對現實你就不能定義現實。

● 當你長期處在熟悉的環境，視而不見的程度是很驚人的。

2. 欣然接受務實的人

　　古諺說「物以類聚」，真是一點也沒錯，我喜歡跟像我的人在一起。如果我想找樂子，那可能是一件好事，但如果我想領導得宜，就可能是件壞事。我需要人們與我互補，在我軟弱時，他們能顯現剛強，一個高效能領導團隊的夥伴們應該可以截長補短。

3. 要求別人誠實

　　所有領導者身邊都需要有一群會說真話、而非唯唯諾諾的人，而領導者能聽到誠實回應的不二法門就是開口要求，並且善待願意說的人。然而，許多領導者缺乏安全感，懷著戒心要求或回應誠實的答案。有時即使我們必須聽實話，但我們還是會抗拒。正是因為許多人不願意面對真相，所以我說請別人誠實說真話是個好主意。

4. 用「不同人的眼光」自我檢查

　　當你長期處在熟悉的環境，視而不見的程度是很驚人的。我在組織裡領導得愈久，愈明白我需要外人來看看我及我的組織。我常付錢請外面的顧問進駐、觀察，並告訴我看到什麼，我重視他們的意見。

　　你可能認為：「要做的事可真多，看威爾許的規則、自問自答來面對真相，還要用四個練習方法來杜絕不切實際的

想法！是不是有點小題大作？」這樣做對你來說可能太過分，但對我不會，因為務實是我的弱點，我需要從不同角度切入，而且還要好幾種方法來矯正我做事的方式。

面對現實是卓越領導的起點，好比是前往目的地前，在地圖上發現「目前所在位置」。正如柯林斯（Jim Collins）在《從A到A⁺》（*Good to Great*）裡所指出，掌舵大企業的優秀領導者都能面對現實，並據此做改變。「你不先面對殘酷的事實，就絕無可能做出正確決定。」[9]千萬不要忘記，你領導的方向及方式取決於你如何定義現實，它同時也決定了跟隨者的終點。換句話說，你如何定義現實將牽一髮而動全身。

領導者的首要責任是定義現實狀況

應用練習

1. **你屬於哪一種思維**？從1分（務實主義）到10分（樂觀主義），你得幾分？你會很自然地往最好的情況打算（像我一樣），還是最壞的情況？現在換你請朋友、同事及另一半幫你打分數。如果你高度樂觀（別人可能說你不切實際），那就需要在生活中創造一套方法，防止你把跟隨者帶往錯誤的方向。

2. **在你的生活中誰說真話**？所有領導者都需要身邊的人願意主動說出不中聽的真相。誰會告訴你需要聽到的話？如果身邊有這樣的人，肯定他們，並請他們始終如一。如果沒有，找出這樣的人。你需要的不是請人打擊你，而是時時提醒你現實。

3. **你在哪些地方需要檢視現實狀況**？如果你在領導的領域還沒看到正面的結果，使用本章提供的問題清單幫助你看清楚自己能否實際檢視情況。試問你自己：

- 在這情況下，現實狀況是什麼？別人同意我的評估嗎？
- 我能明辨每個爭論的重點嗎？我能否解構現實狀況，更深入了解？

- 這些爭議能解決嗎？把可以解決的與不可以解決的爭議分開。
- 有什麼選擇可供參考？建立一套作戰計畫。
- 我是否願意遵循這個作戰計畫？身為領導者，我的投入有其必要。
- 我的領導者團隊是否會遵循這個作戰計畫？身為領導者，他們的投入同樣重要。

培養領導者小建議

請你所指導的人針對你們的現有狀況提出問題，然後回以直接且真誠的答案。接著反過來問他們領導的情況如何，藉由追問後續問題，並提供個人的看法，你可以幫他們把不能改變的事，和可藉由有效領導來改善的事分類。幫他們討論出一個完善的計畫，整理出哪些事有改善的空間，好為所有人和組織達到更好的成果。

9 | 要看領導者做得如何，先看他帶的人表現如何

To see how the leader is doing,
look at the people.

　　在1970年代中葉，我曾參加一個研習會，講者是浸信會牧師羅伯森（Lee Roberson）。其中一場他發表一份論述，不僅鼓舞了我，也改變了我的生命。羅伯森說：「凡事之興衰與領導息息相關。」他的意思是，領導者無論做得更好或是更壞，必然連帶影響跟隨他們的人。

　　無論什麼地方，只要有好的領導者，團隊就會更好、組織會更好，部門單位也會更好。反之，無論什麼地方，只要有個不好的領導者，他影響所及的每一個人都更不好做事。簡言之，領導能力可使每一項努力的結果更好或更壞。

　　我一聽到那個論點，不多想立刻明白他所言甚是，這很快變成我的中心思想，也是三十多年來我靈感與動力的來

源。這句話成爲《領導力21法則》的基石，包括「鍋蓋法則」（Law of the Lid），在其中我這麼陳述：「領導能力決定一個人的行事成效。」它更影響我對發生在周遭每一件事的看法。

領導者必須有責任感

你愈了解領導，就愈清楚看到領導者對事物的影響力。羅伯森的演講數年後，在1980年美國總統大選前，包括我在內的數百萬美國人，都在電視機前收看爭取連任的卡特與對手雷根的電視辯論會。大部分人同意，這場辯論觸動全美國人去思考雷根提出的問題。他說：

> 下星期二是大選之日，那一天你們全都會去投票所，站在票箱前做一個決定。我想，當你做決定時，你最好先問自己：「你現在過得比四年前更好嗎？你去店裡買東西比四年前容易嗎？失業人口比四年前多還是少？」如果你對這三個問題的回答都是肯定的，那麼我想你的選擇已經非常明顯，你會將票投給誰了。但如果你不認同，也不想在未來四年重蹈覆轍，我可以建議你做另一個選擇。[10]

爲什麼「你現在過得比四年前更好嗎？」的問題影響如此大？因爲人們了解，現況是領導者四年來執政的結果。他

● 當領導者健康，他們帶的人就容易健康；領導者和他帶的人會
　是同一個模子刻出來的。

們不滿現況，所以乾脆換掉領導者。這是雷根當選的原因，
也是爲什麼我說「要看領導者做得如何，先看他帶的人表現
如何」。正如領導學專家德普力所說：「從跟隨者身上就可
以看到傑出領導的徵兆。」

　　人們常將組織與團隊成功歸功於以下諸多因素：天時
佳、經濟好、人事穩定、團隊合作、資源豐富、時機對、默
契足和運氣好。沒錯，儘管前述各項都足以發揮作用，但所
有好組織的共通點是優秀的領導。

　　你是否注意過，每次去看一個新的醫生，都必須填寫表
格，而且還要回答一堆問題。雖然這些問題看似瑣碎無聊或
無關緊要，但那些最重要的問題跟你的家族病史有關。爲什
麼？因爲你的身體健康遺傳自父母親。如果其中一位有心臟
病、糖尿病或癌症，很可能有一天你也會得到相同疾病。你
的健康是遺傳而來。

　　領導亦然。當領導者健康，他們帶的人就容易健康；當
領導者不健康，他們的跟隨者也是。領導者和他帶的人會是
同一個模子刻出來的。

　　最近我在一個會議中演講，前聯合訊號總裁、同時是
《執行力》（Execution）作者之一的包熙迪（Larry Bossidy）
也是講者。他提到領導者與跟隨者之間的互動，也論及領導
者與部屬相處時扮演重要的角色。他說：

　　培育新的好領導者不僅是獲利的關鍵，也是大快人心的

事，它讓你覺得傳承了一筆無形的財富，而不只是一份營收報表。我常聽到一個問題：『我這領導者做得如何？』答案是看你帶的人做得如何。他們學到東西嗎？他們會處理衝突嗎？他們開始改變嗎？當你退休時，你不可能記得 1994 年第一季你做了什麼，你只會記得你培育多少人。

最優秀的領導者刻意去培育、發展部屬，無論好或壞，領導者一定會影響他們。如果你想知道領導者是否成功，不要聽其言、觀其行，只要觀察他的部屬就知道了。

問有助於了解跟隨者的問題

前美國職棒巴爾的摩金鶯隊名教練韋佛（Earl Weaver）有個招數眾所周知，他常誘使裁判跟他爭論。在球賽中起初幾局他對裁判提出的一個標準問題是：「等一下會更好，還是就只能這麼好了？」這是每個領導者應該對自己提出的問題，為什麼？因為領導者的表現會大大地影響團隊表現。

如果你想知道你是個什麼樣的領導者（或如果你想分析組織中某個人的領導能力），你可以用下列四個問題去驗證：

問題 1：人們緊隨在後嗎？

所有領導者都有兩個共同特色，首先，他們往目標前

● 所有領導者都有兩個共同特色，首先，他們往目標前進；其
　 次，他們能說服別人同行。

進；其次，他們能說服別人同行。實際上來說，第二項特色
可區分出真、假領導者。如果某個人頂著領導的光環卻沒有
人願意跟隨，充其量他只是尸位素餐、濫竽充數。沒有跟隨
者，哪來的領導者！

　　重點是，有跟隨者不一定就能成為好的領導者，那只證
明他們是領導者。布利斯科（Stuart Briscoe）牧師講過一個
故事。他有個年輕同事主持老兵葬禮，逝者的幾位同袍想在
殯儀館的追思禮拜中幫上一點忙，於是他們要求牧師帶著他
們走向棺木，一同哀悼死者，然後再帶他們從側門出去。

　　年輕的牧師完全照辦，只出了一個錯：他挑錯了門。他
分毫不差地把那些人帶進掃把間，整群人必須在眾目睽睽之
下倉皇離去。[11]

　　當領導者對目的地瞭若指掌，人們也知道領導者胸有成
竹，他們就會發展出良好的互信。當領導者持續表現稱職，
這種互信的關係就會不斷茁壯。每次只要一個好的領導者動
機純正、行動正確，就會強化雙方關係，團隊也變得更好
了。

　　1930及1940年代掌管通用食品公司（General Foods
Corporation）的法蘭西絲（Clarence Francis）主張：「你可
以買一個人的時間，可以花錢叫他在指定地方出現，甚至可
以按鐘點付費買他熟練的肌肉動作；但你買不到熱心，買不
到忠心，買不到身、心、靈的奉獻。你必須贏得這些。」

　　身為領導者，在你打好關係贏得信任前，絕不要期待別

人獻出忠心。直接了當要求別人輸誠的作法極少奏效,因為跟隨者的忠誠是領導者必須努力贏來的獎賞,而非盼來的。人們願意跟隨並非因為地位,乃是表現與動機。成功的領導者總是把部屬的好擺在第一位,當他們這麼做,就贏得尊重與真心跟隨。而當領導者先這麼做,就能贏得人忠心跟隨。

問題 2:人們在改變嗎?

想知道領導者做得如何,第二個不能忽略的問題與人們是否願意為進步改變有關。不改變就不會進步。前美國總統杜魯門曾評論:「人類創造歷史,而非歷史創造人類。在沒有領導者的時代裡,社會停滯不前。當有勇有謀的領導者把握機會,把事情改變得更好時,進步就產生了。」

而只有當人們願意改變,領導者才能夠把握機會。能以偉大願景為基礎,加強人們追隨探索未知的意願,足以彰顯大部分領導才能,但如果人們不願意改變,那是不可能發生的。諷刺的是,領導者改變不了人們;相反地,他們比較像是個媒介,幫忙創造一個環境,引導人們決定去改變。

他們是怎麼進行的?首先,他們鼓舞別人。所有好的領導者都會鼓舞跟隨者對他們有信心,但偉大的領導者鼓勵跟隨者對自己有信心。自信會提升他們的士氣,也會賦予他們力量去改變,勇往直前,美化人生。

另一件領導者致力促進改變的事就是,營造一個充滿期待的環境。曾指導邁阿密大學踢進全國總冠軍,也帶著達拉

●「讓人們成長與發展是領導者天職的最高表現。」——賈岱爾

斯牛仔隊奪下兩屆超級杯冠軍的教練強森（Jimmy Johnson）這麼解釋打造正確環境的重要性：

> 身為總教頭，我的職責有三：第一，把致力成為最佳球員的人帶進球隊；第二，淘汰沒有這種企圖心的人；第三，也是最重要的，就是營造一種氛圍，讓他們覺得能在這裡達成個人目標以及球隊的目標。我要把他們放在正確的環境裡，並分派責任，這樣他們才能全力以赴。

人們只有開始改變，才會臻至完美，但除非是有力的領導者從旁協助，否則他們不大可能願意改變。

問題3：人們在成長嗎？

就員工方面來說，主動願意改變會幫助組織進步，但組織若要發揮最大潛力，人們得自願做得更多，那就是持續成長。

作家賈岱爾（Dale Galloway）說：「讓人們成長與發展是領導者天職的最高表現。」這話深得我心。商業界常談到如何尋找並招募賢才，我承認那的確很重要，但即使你找到天才，如果你不曾用心培育他們，而你的對手正積極開發他們的人，很快你就落居在後了。

培育人才的責任落在領導者的肩膀上，而且不只是幫他們獲取工作技能。最優秀的領導者願意在工作範疇外提供幫

助，例如幫助改善他們的生命，幫助他們成為更好的人，而不只是更好的員工。優秀的領導者拓展了他們，這種作法威力強大，因為成長的人才能造就進步的組織。

前電路城（Circuit City）副總布魯卡特（Walter Bruckart）評論，組織裡最卓越的五大要素是人才、人才、人才、人才，還有人才。我相信此話屬實，但只有在你幫助人才成長，讓他們發揮潛力的前提下才成立。對領導者而言，這並非容易的事，甚至可能代價高昂。就我而言，能否成功培育人才視下列因素而定：

- **我對人有高度評價**——這是態度問題。
- **我對人有高度承諾**——這是時間問題。
- **我對人要求高度正直**——這是品格問題。
- **我對人有高標準**——這是設立目標問題。
- **我對人有高影響力**——這是領導力問題。

這些培育人才的核心原則凸顯出領導者對人的信心，亦即如果領導者不相信他們的人，這些人也不會相信自己；而如果他們不相信自己，就不會成長。這話像是千斤重擔壓在領導者肩上，但事實正是如此。如果人們不成長，往往是因為領導者的關係。

問題 4：人們成功嗎？

前後帶領兩支球隊拿下美國職籃總冠軍的教練萊利（Pat Riley）曾說：「我認為領導者衡量自己是否稱職的方法可以透過：（1）輸贏，（2）球季最終結果，（3）可以主觀與客觀目測，分析個人是否有進步與成長。如果個人發展得更好，我想總成果就進步了。」領導能力最終都是看結果，當領導者成功時，可能會令人印象深刻，但只有當他們的追隨者成功時，才會對別人產生影響。如果一個團隊、部門或機構還不夠成功，責任最終仍舊落在領導者肩上。

我的經驗是，沒有領導天賦的成功人士，從贏家轉型為領導者的過程中常會遇到難關，因為他們已習於高水準演出，例如卓越行事、達成目標、報酬豐厚，這也是他們用來衡量進展的方法。當他們成為領導者，常期望每個人都如此自我期許，一旦這些人表現不如預期，他們就會問：「他們怎麼搞的？」

領導者不會這樣想。他們了解必須和跟隨者一起達到成就，他們做為領導者的個人成功取決於跟隨者的表現。如果他們看到人們沒有跟隨、改變、成長與成功，他們會問的是：「我怎麼搞的？」及「我該採取什麼不同方法幫助團隊獲勝？」

我熱愛幫助別人成功，因為回報極為豐富。最近我收到我曾帶領過的博納（Dale Bronner）寄來的信，這位天生的

領導者說：

　　約翰，你帶我領略不曾經歷過的事、賦予我諸多資源擴充心智、傳授我重要原則護衛一生，並爲我提供一條大道，讓我在指導他人時遊刃有餘，這些爲我增添許多價值。約翰，你供應我的頭腦、心靈與雙手許多，使我成爲一個更有價值的人，得以服務別人。

　　這是我帶領並指導別人的原因。

　　領導就是要提升他人。杜拉克觀察到：「領導是把個人的願景抬舉到更高視界，把個人的表現提升到更高標準，同時發展個人品格超越正常限度。」他的話一言以蔽之，即是「要看領導者做得如何，先看他帶的人表現如何」。這是你的部屬衡量你的方式，那你如何衡量自己呢？

要看領導者做得如何，
先看他帶的人表現如何

應用練習

1. **你的人緊隨在後嗎**？讓我們從頭開始。如果你的答案是否定的，那麼你對任何其他有關領導的答案都不重要了。你在領頭時，你的人跟在後面嗎？當你提出一個想法，你的人照單全收嗎？如果你要求團隊夥伴冒險，或加快工作的腳步，他們會積極回應嗎？如果你不確定他們會怎麼做，試試這個方法：提出一個（適當的）職務範圍之外的要求，如果你的人不願意做，那麼你並未真正領導他們。你得與他們建立關係，並透過加強展現品格及能力的方式發展信任。現在就開始吧。

2. **你如何計分**？當你衡量自身的成功時，是由個人績效或團隊的角度去思考？如果你不確定，檢視你的年度目標、每週或每月目標，還有你的每日清單，個人成就佔多少百分比？公司或團隊成就又佔多少？如果這些目標主要是個人成就，那你就是還沒有從贏家成功轉為領導者。從每一層面著手，重新設定目標及目的，以便反映出更遠大的目標，讓你的人改變、成長，並獲得成功。

3. **你相信你的人嗎**？如果你不相信他們，你就不能培育他

們。看看培育人才的原則，從1到10分為你自己打分數：

- 我對人們有高度評價——這是態度問題。
- 我對人們有高度承諾——這是時間問題。
- 我對人們要求高度正直——這是品格問題。
- 我對人們有高標準——這是設立目標問題。
- 我對人們有高影響力——這是領導力問題。

如果任一項原則的得分低於8，寫下改正這個問題（態度、時間、品格、目標或領導力）的計畫。

培養領導者小建議

領導的終極結果是被帶領的人是否成功。跟你指導的人談一談，了解他們對成功的看法，還有他們帶的人士氣如何。把他們的說法與你自己的觀察比較，再根據他們的人成功與否，為他們的領導力打分數。（如果你還沒有觀察過他們的人，走出去看看他們做得如何。）如果他們的人表現不如預期，用上述發展人才的五項原則指點你輔導的對象。

10 | 別送你的鴨子
去老鷹學校

Don't send your ducks
to eagle school.

　　我太太瑪格麗特和我愛吃克利斯比（Krispy Kreme）的甜甜圈。每當我們經過市街，總是會抬頭去找那塊寫著「剛出爐」的紅色霓虹燈招牌，它告訴每一個可能上門的顧客，熱呼呼、鮮嫩嫩、香噴噴的甜甜圈正走出生產線，準備上架。雖然我們不許自己太常耽溺於美食，有時還是會抵抗不了誘惑。如果正好遇到紅燈，她或我就會說：「這是上帝的旨意，我們該停下來買個甜甜圈！」

　　某天傍晚，當我們行經一家門市，雖然清楚看到霓虹燈沒有亮，但還是決定暫停腳步，走進去買。讓我們喜出望外的是，甜甜圈剛剛才從輸送帶上掉下來，熱騰騰、黏呼呼。

　　「妳忘了打開招牌燈，好讓顧客知道又熱又新鮮的甜甜

●「好人才能改變自己，但你不可能改變他們。」——羅恩

圈出爐了。」我提醒等著服務我們的年輕女店員。

「噢，很多時候我都不開的，」她回答：「我一打開，人們一擁而上，我們就會忙得不可開交。如果我把它關了，就不用這麼手忙腳亂了。」

我聽得目瞪口呆。我思索著：「為什麼她會那樣想呢？」一開始我不明白，但後來我反覆思量，才想通是她的位階影響她的觀念，她是個不想要麻煩的員工，想當然，如果老闆在那裡，她一定會把燈打開！老闆不會圖方便，而會想到整個企業與全體員工的成功。

為什麼有些人不想向上飛

三十多年來，我主持會議及寫作出書的目的就是為了提升人們的價值，但經驗教了我一堂寶貴的功課：無論我做什麼，或是多麼努力去幫助人，並不是每個人都會有同樣的反應。有些人參加會議之後人生便開始徹底轉變；有些人則是完全不買帳。有些人會改變，有些人則無動於衷。那總是使我受挫，因為我想看到每個人都願意學習、改變、成長，然後變得更好！

不久前當我讀到演說家兼顧問羅恩的文章時，我經歷了所謂「我發現了！時刻」（eureka moment）。那篇文章讓我徹底看清這個議題。他允許我與你分享他的話：

　　管理的第一規則是：別送你的鴨子去老鷹學校。爲什麼？因爲不管用。好人才需要你去發掘，不是被你改變而來；他們能改變自己，但你不可能改變他們。如果你想得到好人才，你得把他們找出來；如果你想要積極主動的人，你得去找他們，而非去激勵他們。

　　不久前我在紐約買了一本雜誌，裡面有一頁連鎖飯店的全版廣告，第一行寫著：「我們不教員工有禮貌。」那引起我的注意。第二行接著說：「我們雇用有禮貌的人。」我自忖：「多聰明的捷徑！」

　　積極主動的性格是無以名狀的謎，爲什麼有些人很有幹勁，有些人則不是？爲什麼有的業務員早上七點就看到第一個成功的機會，而另一個卻是早上十一點才看到？再者，爲什麼一個人是七點開始而另一個人卻是十一點？我不了解，姑且稱它是「心靈的奧祕」吧。

　　有一次我對著一千人講課。有個人走出來說：「我要改變我的人生。」另一個人邊走邊打哈欠說道：「我早就聽過這些內容了！」爲什麼會這樣呢？

　　富人對著一千人說：「我讀過這本書，它引導我踏上財富之路。」你猜這一千人之中有幾個出去以後買那本書？答案是：非常少。這不是很不可思議嗎？爲什麼不是每個人都搶著去買那本書？心靈的奧祕……。

　　你必須對某個人說：「你最好慢下來，你不能工作時間那麼長、做那麼多事。再這樣一直衝、衝、衝，你遲早會得

心臟病死掉。」可是你必須對另一個人說:「你什麼時候才要從沙發上起來?」區別何在?為什麼不是每個人都盡全力想要富裕快樂?

把這些都歸類為心靈的奧祕吧,別再浪費時間嘗試把鴨子變成老鷹。你該雇用積極主動、想成為老鷹的員工,然後放手讓他們翱翔。

羅恩的觀點解釋了為什麼甜甜圈店員不開霓虹燈,以及為什麼我那麼驚訝,因為我想到的是增加收入與創造最大利潤,而她卻是避免做更多事。

別送鴨子去老鷹學校的原因

多年來我的問題在於,我相信只要努力工作並教授正確的事,我就能把鴨子變成老鷹。這就是行不通。我必須承認,這對我來說是很難的功課。我極重視人,也衷心相信每個人都很重要,而且我一直相信,任何人幾乎能學會任何事,但結果是,我嘗試把鴨子送到老鷹學校只是徒勞。以下是為什麼我不再那樣做的原因。

1. 如果你送鴨子去老鷹學校,只會使鴨子受挫

讓我們面對這個事實。鴨子不該是老鷹,牠們也不會想變成老鷹。牠們生來是鴨子,就該是原來的樣子。鴨子自有

● 領導是一種把對的人放在對的地方、讓他們有機會成功的能
　力。

長處，也該爲此贏得別人的欣賞。牠們是優秀的游泳選手，
牠們能夠以驚人的團隊合作方式，一同長途飛行。反過來
說，要求一隻老鷹游泳或跋涉幾千英哩，牠的麻煩可大了。

　　領導是一種把對的人放在對的地方、讓他們有機會成功
的能力。身爲領導者，你需要了解並重視員工本身，讓他們
本於長處在工作上有所發揮。當一隻鴨子沒什麼不對，別叫
牠們翱翔天際或從高處獵食，那不是他們做得來的事情。

　　身兼作家、牧師與達拉斯神學院院長的史文道爾
（Charles Swindoll）在《在生命的季節中茁然成長》
（Growing Strong in the Seasons）闡述這個原則。他寫道：

　　很久以前，動物們決定該做些有意義的事，解決新世界
產生的問題。所以牠們辦了一間學校。

　　牠們採用一套活動課程，包括跑步、攀爬、游泳和飛
行。爲了方便管理，所有動物都得上全部的課。

　　鴨子游得好極了，甚至還比指導者好！但它的飛行成績
僅僅及格，跑步則是非常差勁。正因爲跑太慢，牠必須退掉
游泳課，放學後留校勤練跑步。這麼做卻導致那雙有蹼的腳
掌嚴重磨損，連游泳也落得一般水準而已。但「一般水準」
還能接受，所以沒人擔心有什麼不好，除了鴨子自己。

　　兔子一開始在班上總是跑第一名，但因爲必須苦練游
泳，導致大腿肌肉神經抽痛。

　　松鼠的攀爬無人能及，但在飛行課程中不斷受挫，因爲

老師叫牠從地面往上飛，而非由樹梢向下飛。由於用力過度引起肌肉痙攣，所以攀爬最後只拿到「C」，跑步則只有「D」。

老鷹是問題兒童，因為不循規蹈矩，受到嚴厲管教。在攀爬課中，牠擊敗群雄，直達頂端，但卻是堅持以自己的方式飛上去！

所有人都能貢獻所長。在《領導團隊17法則》中，我教授「適當位置法則」時講到：「所有參與者都有一個最能貢獻價值的位置。」成功的人已經找到適當的位置，成功的領導者則是幫助他們的人找到各自適當的位置。身為領導者，你應當一直刺激人們離開他們的舒適區，卻絕不要離開他們的強項區，一旦人們離開他們的強項區，他們很快就沒辦法待在任何一區。

2. 如果你送鴨子去老鷹學校，也會使老鷹受挫

我母親以前常說「物以類聚」。一點也沒錯。老鷹不會想跟鴨子混在一起，牠們不想住在穀倉或在池子裡游泳，牠們天生的潛能使牠們對不會飛翔的動物不耐煩。

慣於快動作或展翅高飛的人，很容易受挫於拖絆他們的人。我聽過一個關於前麻州州長赫特（Christian Herter）競選連任的故事。某天，在整個早上忙碌的競選活動過後，午餐時間也過了，他飢腸轆轆地來到一個教會的烤肉活動。州

長沿著動線往前走，然後他把盤子遞給分裝雞肉的女士。她放一塊雞肉在他的盤子上，然後轉向下一個人。

「不好意思，」赫特州長說：「可不可以多給我一塊雞肉？」

「抱歉，」女士說：「我只能給每個人一塊雞肉」。

「但是我餓壞了。」州長說。

「抱歉，一人一塊。」女士說。

州長是個溫和的人，但他實在太餓了，於是決定利用職權佔點便宜。

「這位女士，妳知道我是誰嗎？」他說：「我是本州的州長。」

「那你又知道我是誰嗎？」女子回答：「我是負責分配雞肉的女士。現在，先生，請你往前移動！」

赫特一定覺得自己應該像隻老鷹，卻被要求當隻鴨子。

一個很好的朋友海伯（Bill Hybel）來到亞特蘭大與我共度幾天。第一個早晨他說：「約翰，讓我們去高爾夫球場跑幾圈吧！」

比爾是個愛跑步的人，他瘦長、健康，常常一跑就是五到七英哩。而我呢，則是個愛散步的人。最後我們妥協了。我們繞著球場走上坡，下坡再用跑的。

我們大步出發，依我們約定的方式慢慢繞著球場運動，當快接近終點時，我滿腦子裡想的都是回到家時我會多開心，終於可以休息了。只要再一下下就到了。我累了，但我

不想讓比爾知道。

當我們終於到家時,比爾說:「太好玩了,再跑一次吧!」所以我們又去了一趟,回來後我差點沒累死。我想我再也不要和比爾一起運動,我確定他也不想再找我了。他是隻老鷹,而我只是鴨子!

3. 如果你送鴨子去老鷹學校,會使自己受挫

你有沒有帶領過從未奮起、達成期望的人呢?無論你如何鼓勵、訓練他們、提供資源、給予機會,他們就是無法實現你對他們的期待?這種情形我碰過許多次。

也許他們沒有問題,你才是那個有問題的人!有一首耳熟能詳的鵝媽媽童謠這麼唱:

波斯貓,波斯貓,你上哪去了啊?
我去倫敦拜訪皇后。
波斯貓,波斯貓,你去做什麼啊?
我在椅子下面嚇老鼠。

當這隻貓有千載難逢的機會去倫敦拜訪皇后,為何還要追著老鼠跑呢?因為牠是隻貓!你還期待牠做什麼別的事?

貓盡貓的本份、鴨子做鴨子該做的事,老鷹就管好自己。如果你硬要鴨子做老鷹的工作,是你該覺得可恥。身為領導者,職責所在是幫助你的鴨子變成更好的鴨子、老鷹變

● 天生的能力不能選擇，而是上帝的恩賜，你有什麼就是什麼，
　唯一可以做的選擇在於你是否要發展天賦。

成更好的老鷹，也就是把對的人放在對的地方，將他們的潛力發揮到極致。

　　過去多年我犯下想把鴨子變成老鷹的錯誤，結果只是使彼此都遭受挫折。你不該要求人在他沒有天賦的方面成長。

　　為什麼？我們成長與改變的能力，會因為我們能否做選擇而有很大差異。讓我解釋更清楚些。在我們有所選擇的領域裡，成長潛力是無限的。態度可以選擇、品格可以選擇、責任也可以選擇。舉例而言，如果我的態度惡劣，假設在評分表上只得 1 分，我可以選擇改變，然後一路進步到 10 分。也就是說，我可以選擇一個絕佳的態度。

　　相反地，天生的能力不能選擇，而是上帝的恩賜，你有什麼就是什麼，唯一可以做的選擇在於你是否要發展天賦。而就算你願意，在那方面的成長也不會太好。四十年來，訓練指導別人的經驗讓我發現，不管人們有什麼天賦，通常只能再進步 20%。也就是說，如果一個人在某方面與生俱來就有 3 分實力，往後他可能會進步到 5 分，但永遠不可能從 3 分變成 10 分。所以你如果認識一名游泳好手，也有像雁鴨喜愛排成「人」字飛行的團隊行動習性，就把他送去鴨子學校吧。無論他是否容易受激勵、多麼聰明，也永遠不會變成老鷹，你不可能賦予他上帝不曾給的天份。

知道你在找什麼

數年前當我在「A雞排」（Chick-fil-A）連鎖餐廳的全國大會演講時，一名餐廳經理問我：「你如何培育優秀的領導者？」

我的答案是：「找出有潛力當個好領導者的人。」

「要怎麼找？」他問道。

「要先知道有潛力當好領導者的人長什麼樣子，」我回答。

這並不是遁辭或諷刺，身為領導者，知道要找什麼是你的責任。你得知道在你的產業裡，成功領導者具有什麼才能與特質，研究成功的領導者、與你敬佩的人談談、問他們的發跡史，發掘出他們剛起步時的特色。你對領導了解得愈清楚，就愈容易在第一眼認出領導人才。

幫組織找到對的人，再把他們放到對的地方，這是領導者責無旁貸的任務，沒幾件事比這更重要。如果你需要在組織裡找一隻老鷹，把這當做你的使命，去尋找擁有老鷹特質的人，不分位階都要找。如果你在組織裡找不到，那就去外面找。換句話說，如果你需要厲害的老鷹，就去找一隻有潛力的老鷹，只有這樣，你才可能把那個人培育成厲害的老鷹。不要找隻鴨子充數，因為無論你怎麼訓練牠們，你聽到的只會是「呱呱呱」。

別送你的鴨子去老鷹學校

應用練習

1. **你把誰放錯位置**？如果你是組織、部門或團隊的領導者，你的職責是確保每個人在工作上能發揮所長。你是否曾試著把鴨子變成老鷹，結果在這段過程中使每個人都飽受挫折？騰出一些時間，評估每個部屬的天賦，也聊聊他們的熱情、希望與夢想。如果你不了解他們，你不可能把人帶好。

2. **你是否該放一些老鷹去翱翔，放一些鴨子去游泳**？如果過去你曾在組織中壓抑老鷹，或試著把鴨子變成老鷹，你必須做兩件事：首先，把他們重新放到能發揮所長的工作崗位；其次，你得重新贏回他們的信任。承認他們的天賦、幫助他們發展長處，讓他們知道如何貢獻這個組織。

3. **你知道有潛力的領導者長什麼樣子嗎**？我還沒看過哪個組織已經找齊它需要的優秀領導者，因此，優秀的領導者總是四處張望尋找有潛力的領導者。如果你已經研究出領導能力的特質，具體描述你要找的對象；如果你還沒研究好，你可以用我的清單，摘自我的書《360度的領導者》（*The 360° Leader*）。我發現優秀且有潛力的領導者有下列的特質：

適應性：迅速適應改變

洞察力：了解真正的問題

觀點：撇開個人的優越地位看事情

溝通：連結組織裡各個階層

安全感：不從位階認同身份

僕人心態：無論什麼事，該做就做

足智多謀：找出有創意的方法把事情完成

成熟：置團隊於自身之前

持久力：長期保持品格與能力一致

可靠：在緊要關頭靠得住

　　如果你在誰身上看到大部分上述的特質，你可能正看著一個具有領導潛力的人。

培養領導者小建議

對任何領導者而言，最困難的過渡期之一就是從領導部屬，變成領導原來同個位階的人。協助你指導的人安度這段轉型期，幫他們認出、招募並培育有潛力的領導者。要求他們根據上列特質列表，討論出他們手下每個人的潛力，然後鼓勵他們開始投資最有潛力的對象。

11 | 專心在
最重要的事情

Keep your mind on the main thing.

　　本書闡述的課題都幫助我成長，但改變我生命最多的一課就屬〈專心在最重要的事情〉這一章。我清楚記得，第一次擔任領導者是接下牧師一職，當時我努力工作卻備感挫折，我知道那是因為我的效能不彰，把大部分時間花在輔導別人和處理行政瑣事。我工作時間很長，卻看不到什麼正面效果。那是一段毫無成就感的時期。

　　那一次「我找到了！」的時刻發生在一間大學教室裡，當時我在上一門企管課。教授正在講帕雷托定律（Pareto Principle），亦即「80／20定律」。當他解釋這個定律時，我眼睛一亮。他說：

- 80%的交通堵塞發生在20%的路上。
- 80%的啤酒是讓20%的酒客喝掉的。
- 80%的課堂參與來自20%的學生。
- 80%的時間你會穿你20%的衣服。
- 80%的利潤只來自20%的顧客。
- 80%的問題是由20%的員工產生的。
- 80%的銷售是由20%的業務員創造的。
- 80%的決定是用20%的資訊決定的。

多令人驚奇啊！照這個定律推算，我工作中成效最好的那20%，其生產力是其他80%的16倍。如果我想降低生活的複雜度，提高生產力，就必須專注在最精華的20%。那天在教室裡我明白兩件事：（1）我做太多事了；（2）這些事多半是錯事，這就是生活低效能的原由！

找出最重要的事

我立刻開始評估自己使用時間的方式。我知道我得把行事曆照優先次序排好，所以我開始自問以下三個問題：什麼事回饋最大？什麼事收穫最多？什麼事我一定得做？這些不是我很快就能回答的問題。初就業時，最容易回答的問題通常是跟工作要求有關，如果你手上有工作內容說明，照表操課即可。

●「商學院獎勵困難、複雜的行為多於簡單的行為，但簡單的行為
　效能比較高。」──巴菲特

　　另一方面，多數人不會一開始就真的知道在哪一方面付
出能得到最大回報，必須等到三十歲，甚至更晚才會明白。
況且對每個人而言，收穫最多的事通常隨著人生各階段變
化。

　　隨著我工作愈久、反省愈多及成長愈大，我慢慢找到這
三個關鍵問題的答案。我的指導原則就是：所有工作的最終
目的就是結果，如果我想達到目標並產生成效，我需要事前
對每一件我所做的事情加以考慮、架構、系統、計畫、做工
作情報、訂出目的，但同時我也知道必須簡化事情。

　　我讀過一份關於 39 家中等規模公司的研究，裡面說
到，區分出成功與不成功公司的特徵是簡單明瞭。那些產品
較少、顧客較少、合作供應商較少的公司，反而比同業賺取
更多利潤，也就是說，單純且專注的經營方式獲利較多。正
如美國知名投資家巴菲特（Warren Buffet）觀察到的：「商
學院獎勵困難、複雜的行為多於簡單的行為，但簡單的行為
效能比較高。」我力求簡潔、單純，以幫助自己專注於重要
的事。

　　在我現在的人生階段裡，已從事必躬親的實幹者，轉變
為只看大方向的領導者，關鍵在於我做了五個決定，幫助自
己更專注、更有生產力。

1. 我下決心不要想知道所有事

　　有些人相信，偉大的領導者對所有事情的答案都了然於

● 把自己從大小事情中抽離出來，雖然減低了我個人對於組織裡
許多人的重要性，卻讓我可以去做對我個人而言重要的事。

胸。事實並非如此。成功領導者並非通曉萬事，但他們知道
誰是萬事通。例如，我經營數個組織，如果你問我其中一家
的事，我不知道答案，但我知道誰可以回答。如果你問我關
於專業技能的事，我也可能不知道答案，但我只要打一、兩
通電話，就能問到知道答案的人。如果你問的是生活與行程
表細節，我一樣不知道答案，但我跟你保證有人知道，那就
是我的助理。

為了保持專注力並簡化生活，我做過最重要的決定是聘
用頂尖的助理。過去二十七年中，我有九成時間是由兩位能
幹的助理從旁協助：伊格斯（Linda Eggers）與布魯馬金
（Barbara Brumagin）。對我而言，她們是無價之寶。

我的助理是主要的資訊中樞，每件事都會經過她們。我
放心讓她們知道每件事，所以我不用全部自己來。更重要的
是，她們學會過濾資訊，擷取最重要的細節。記得，全部資
訊只有20%提供你做一個好決定時所需的80%元素。當伊
格斯和我溝通時，她只告訴我要點，就可以讓我看到下一步
做什麼、幫我想清楚為何重要，而且讓我能取用手邊適合的
資源。對領導者而言，知道最重要的事勝過知道每件事。

如果你是領導者，身邊卻沒有好助理，你的麻煩大了，
因為那是每個主管需做的第一件、也是最重要的聘雇決定。
如果你已經為這個位置找到對的人，就可以專注重要的事，
把其他事留給助理去想。

把自己從大小事情中抽離出來，雖然減低了我個人對於

組織裡許多人的重要性，卻讓我可以去做對我個人而言重要的事。雖然那也表示，很多任務不再總是照「我的方式」完成，但也讓我發現，大部分的事可以用很多方式有效地完成。

2. 我下決心不要最先知道所有事

大部分人天生會強烈渴望「熟知內情」，這就是八卦雜誌和小道報紙大賣的緣故，同樣心態適用於領導者想要對組織「瞭如指掌」，沒有領導者喜歡被蒙在鼓裡。

然而，好的領導者無法耗在處理組織的每件瑣事，若是如此，他們就會失去領導的眼光與能力。解決之道是什麼？決定不當第一個知道每件事的人。

在任何組織裡，問題都應該盡可能在最低層級解決，如果每個問題都得先跟領導者報告，解決方案就有得等了。此外，在第一線的人通常是可以提供最佳解決方案的人，不論他是在生產線上、戰場前線，或麵包製作線上。

我的助理比我早知道公司裡每一件事，因為她是我生活的資訊中心，好、壞、美、醜都逃不過她的眼睛，通常是她與我溝通這些事。我完全信任她，所以這種方式行之多年。特別是當她告訴我壞消息時，我得小心別「濫殺無辜」，因為如果你把挫折發洩在信差身上，溝通便會中止。

3. 我下決心讓別人代表我做事

　　每個領導者都應該學到，別再只是一味採取行動、實現願景，而是開始號召人才並授權他們採取行動。（沒有學到這一課的人永遠不會成為有效能的領導者。）然而，並非所有領導者都能邁出艱難的下一步，允許別人站出來做他的代表。為什麼？因為他必須更信任對方。如果那個人代表失當，沒有完成任務，或甚至以你的名義做出不道德的事，都將歸咎於你，也可能敗壞你的名譽。

　　最近有個坐擁數家企業的熟人發現一樁醜事，他旗下一名主管從事不法勾當。直到他風聞此事那一刻，那個人已花掉他兩百萬美元。儘管那名主管否認胡作非為，他還是把那人開除了，但為時已晚，公司名譽與財務早就受到無可彌補的傷害。那個主管的履歷表很漂亮，但人品是另一回事。

　　讓別人代表你需要時間與信任證明，所以不該草率做決定。你得深入認識真心信任的人，而且他們也該以經得起考驗的長期表現贏取你的信任。你投注在這些人身上的時間與信任愈多，未來的風險愈低、回報潛力愈高。一旦你與共事者達到高度互信，你就得以更專注於真正重要的事。

　　我深受眷顧，生命中有一些人可以擔此責任。我的助理伊格斯代表我出席會議、安排我的行事曆，而且經手我的財務與對外聯繫事務。當她代表我跟別人交談時，她擁有我的授權。我的代筆魏哲爾（Charlie Wetzel），透過我們一同撰

寫的書，傳達我的想法。美國事工裝備與音久管理顧問公司總裁郝爾（John Hull），代表我向全球的領導者與組織說話。美國事工裝備發展部資深副總裁卡特（Doug Carter）則比我善於分享組織願景及述說它的歷史。

　　即使是面臨壓力很大、賭注很高的時刻，你從何決定某個人可以代表你？首先，你必須非常了解他們，足以深信他們的品格；其次，你們要認識夠久，這樣他們也才能與你心靈相通；第三，你必須相信他們的能力。如果他們能做到你的八成，那就算是預備好了。

4. 我下決心發揮長處，而非改善短處

　　一個人聰明的原因有一半是知道自己哪裡笨拙。既然我已經在第七章〈找到你的強項，並專注發展〉中深入探討這一點，此處無需再著墨。但容我這麼說：想要成為優秀的領導者，你必須認識自己的長處及短處。我在《蓋洛普管理通訊》（Gallup Management Journal）裡讀到一篇針對優秀領導者的研究：

　　　　研究最具啟迪的發現是，有效能的領導者能敏銳感知到自身的長處及短處。他們深知自己是什麼樣的人及不是什麼樣的人。他們不會見人說人話，不會取悅別人；他們的個性及行為在職場與家庭間是始終如一；他們不矯揉造作。正是因為不虛偽浮誇，他們得以與別人互動良好。[12]

●「天才是一種化繁爲簡的能力。」──賽然

　　我總是努力留在強項區，也許這一課我學得好是因爲我生性容易專注，不喜歡徒勞無功。我要聚精會神把事情做到最好，不然就是把工作分派出去。我得承認，我不是個多才多藝的人，只有一些事特別拿手，但留在這些強項區，我通常做得很好，因爲我保持專注。

5. 我下決心管控有哪些事需要我投入

　　我幫助自己專注要事的最終步驟就是掌握行事曆，這對我並非易事。我喜愛幫助別人，而且在職涯起初幾年，常讓其他人幫我排行程、塡滿我的行事曆。然後有一天我發現，如果我一直在實現別人的目標，就不可能實現自己的目標。

　　每個領導者都很忙，但我要問每個領導者的問題不是「我的行事曆會不會滿？」而是「誰會塡滿我的行事曆？」如果你不掌管自己的時間表，別人會來幫你管。

　　如果你像我以前一樣，那就必須改變你的做事方法。在我開始事業初期，我依照大學時期的方法做事，不論這些方法有沒有價值，然後我開始做別人希望我做的事。當我更往前、尋求成功之際，我又如法炮製其他領導者做的事；最後我才開始做我應該做的事，也就是可以得到最大回報與獎勵的事。

　　法國作家賽然（C.W. Ceran）評論：「天才是一種化繁爲簡的能力。」專注要事就需要簡化的能力。如果你能簡化生活，就會變得更專注、更有精力，而且更不易感受壓

力。就像生命中每個決定，簡化得經過一番折衝。你不可能做每一件事，當你選擇做某件事就表示你不能去做另一件事，所以你必須懂得拒絕，即使那些都是你很想做的事。但反過來想，如果你不選擇你要做什麼、放棄什麼，別人會幫你選擇。

　　某次在一個教練大會中，前綠灣包裝工隊（Green Bay Packer）教練蘭巴迪（Vince Lombardi）被問到他贏球的攻防策略。換做別的教練，大多會述說縝密的計畫，但蘭巴迪以每年集訓營開始時舉著足球說「這是一顆足球」而聞名。他回答：「我只有兩個策略。攻擊策略很簡單，當我們拿到球，志在把另一隊打倒！防守策略也大同小異，當別隊拿到球時，我們志在把全部的人打倒！」[13]那聽起來實在太簡單了，但那就是在美式職業足球聯盟（NFL）贏球的終極手段。

　　簡化策略對蘭巴迪與包裝工隊有用，對我也有用。我把它傳給你，因為我想那對你也會有用。

專心在最重要的事情

應用練習

1. **什麼事佔據你的時間**？看看你上個月的行事曆及工作清單，仔細算算你是怎麼使用時間。依據下表，決定你的活動該怎麼分類到每個時間區塊：

- 在學校學到的所謂該做的事。
- 別人要我做的事。
- 我看到其他成功者做的事。
- 我知道我該做的事。

記得，你的時間應該花在必須做的事、可以得到高回報或有高獎賞的事。

2. **你專注在你所擅長的事嗎**？花點時間想想你的長處，如果你需要有人幫忙發現什麼是你的長處，跟熟識你的人談談。一旦你知道什麼活動可以讓你一展長才，試問自己下列問題：

- 我做這些事愈來愈多，還是愈少？
- 我是否更加發展這些長處？
- 我身邊是否有可以補強這些長處的人？

■ 我號召到可以與我截長補短的人嗎？

成功的人專注發揮長處，而非改進弱點。

3. **你進退維谷嗎？**你定意要知道組織或部門裡的每一件事嗎？當你第一個知道某件事時很興奮嗎？你的人生座右銘是不是「如果你要把事情做對，得親力親為」？如果是，你是個畫地自限的領導者。開始學著仰賴別人，並與他們培養信任。如果你沒有助理可以依賴，就去找一個，或是培養一個吧。

培養領導者小建議

花些時間試著客觀地看清楚你指導的人，他們每一個人在什麼領域能發揮最大的潛力，不只是在你的公司或部門，也在他的人生之中？把你的觀點與他們分享，並問他們為了專注要事，他們做了什麼。要求他們描述明確的步驟，如何釋出低度生產力的責任給別人。如果他們還沒有這樣做，訓練他們直到完成整個過程。

12 你最大的錯誤是
不去問你犯了什麼錯

Your biggest mistake is not asking
what mistake you're making.

最近，我剛上完一堂有關衝突的課程，在休息時間有個年輕人走過來對我說：「我要開始創業了。」

「那很好啊！」我回答。

「是啊，」他接著說：「我要用『對的方式』建立我的事業，這樣我就不用處理任何問題了。」

「你知道嗎？」當他正要轉身離去時我說：「你這種不會犯任何錯誤的想法正說明了你在犯錯。」

無知不是福

在你年輕又充滿理想時，會認為自己可以比你之前的領

導者做得更好，我知道我就是這麼想。我剛開始工作時，積極、進取、樂觀，而且一派天真，常被假設牽著鼻子走。我這麼說的意思是，在年輕的熱誠中，我常理所當然認為每件事都很好。我不想看到任何問題發生，所以從不去找出問題癥結，結果呢？我被蒙在鼓裡，每次出差錯時，我都一頭霧水，還不解怎麼會發生這種事。

相同情況發生四、五次後，我心急如焚地開始向有經驗的領導者求援，其中一位說了一句話，改變了我的領導方式。他說：「約翰，你所犯最大的錯誤就是，不問你正在犯什麼錯。」

那句忠告為我的領導之旅立下新的方向，可說是引領我務實思考的入門課程，這原是我不習慣的作法。當我省察自己，學到了一些事：

- 我很少去想什麼事可能會出錯。
- 我假設「對的方式」就是零錯誤。
- 我不對自己或別人坦承犯錯。
- 我未能從錯誤中學到教訓。
- 我沒有把自己從錯誤中學到的經驗用來幫助別人。

如果我想成為一個更好的領導者，我就需要改掉重複犯錯的惡習，也就是不再逃避追問做錯了什麼。

● 成功與你犯錯的次數無關，而是與你累犯的次數相關。

雖敗猶榮的成功配方

　　發明橡皮擦的那個人可以說是最了解人性的人了。每個人都會犯或大或小的錯，爲了吸引最多注意力，那就犯個大錯；爲了造成最嚴重的破壞，千萬別認錯！那樣做的話，你就不會成爲領導者。說到成功，與你犯錯的次數無關，而是與你累犯的次數相關。如果你想做到雖敗猶榮，並從處理錯誤中獲益良多，那你需要做下列五件事：

1. 坦承你自己的錯誤及軟弱

　　最近我在一場會議中對幾位執行長演說，我鼓勵他們向部屬坦言自己的錯誤與軟弱，房間的氣氛頓時緊張起來，我看得出來他們不認同我的建議。

　　下一輪中場休息時間，我在書上簽名時，一家公司負責人要求私下與我談談。當我可以停筆時，我們就離開人群，他說：「我不同意你說我們應該向別人坦言失敗的建議。」接著他開始告訴我，擺出一付強硬的外表、並在部屬面前展現絕對自信是何等重要。

　　我一路聽著，但當他結束時，我說：「你是以一個錯誤的假設來帶領別人。」

　　「那是什麼？」他焦慮地問。

　　「你假設你的人不知道你的軟弱，」我回答：「相信我，他們心知肚明。當你認錯時，他們不會驚訝，而是放

● 如果你整天忙著偽裝自己是完美的，你就不是力求進步的領導
　者。

心。他們會彼此對看說：『嘿！他其實也知道，我們現在不
用再裝下去了！』」

　　預期錯誤發生並從中學習的第一步，就是務實地看清自
己，並承認你的軟弱，如果你整天忙著偽裝自己是完美的，
你就不是力求進步的領導者。

　　前美國海軍上尉艾伯拉蕭夫（Michael Abrashoff）在他
的書《這是你的船：成功領導的技巧和實踐》（It's Your Ship）
裡寫到：「每次我得不到想看到的結果，就勉強試著壓下怒
氣，反省自己是不是問題的一部分。我自問三個問題：我把
目標講清楚、說明白了嗎？我給他們足夠的時間與資源完成
工作嗎？我給的訓練夠嗎？我發現十次中有九次，我和我的
人一樣，都是問題的一部分。」[14] 我們要能夠承認失敗並負
起責任，才能走向下一步。

2. 接納錯誤是進步的代價

　　心理學家布拉德（Joyce Brothers）主張：「有志成功的
人必須學會，將失敗看做是登頂過程中有益且不可避免的一
部分。」人生中沒有什麼是完美的，包括你自己！你最好開
始習慣這一點。你只要想進步，就會犯錯。

　　榮登職業美式足球名人堂的四分衛喬・蒙坦納（Joe
Montana）說：「每場球賽後的星期一，我都得重溫自己犯
的錯，一次又一次，不只是以慢動作重播，還要加上教練的
評語！就好像是當著幾百萬電視機觀眾面前出糗還不夠似

● 不惜一切要避免失敗的人永遠學不到東西，最後只會淪落到一再犯同樣的錯誤。

的。甚至我們贏球了，也總是得花時間複習錯誤。當你一再面對自己的錯誤時，會學到不要對你的失敗耿耿於懷。我學到讓失敗快點過去，從錯誤中學習然後繼續前進。何必為此跟自己過不去呢？下次做得好一點就是啦。」

並非每個人都願意面對自己的錯誤，而且看得開，但蒙坦納就是因為做得到，最後成為美國職業足球聯盟史上最優秀的球員之一。他的領導方式與處理逆境的能力為他博得「冷靜喬」的綽號，這些特質也為他贏得四次超級盃總冠軍，而且三次當選超級盃最有價值球員。做為領導者，如果你想充分發揮領導潛力，就期望自己會失敗，也會犯錯。

3. 督促自己從錯誤中學習

身兼作家與領導學專家畢德士（Tom Peters）寫到：「從最小的分支機構到大公司，如果有個人在一天結束後，在工作報告卡上交代自己的表現時這麼說：『好，我成功度過沒有犯下任何錯的一天。』沒有什麼事比這更沒價值的了。」

關於失敗，人們有兩個常見的共同反應，一種人會因為自覺低人一等而變得猶豫不決；另一種人則是忙著繼續犯錯，從中學習，最後變得高人一等。人們要不是遠離犯錯，以免傷害自己，就是從中學習，幫助自己。不惜一切要避免失敗的人永遠學不到東西，最後只會淪落到一再犯同樣的錯誤；但那些願意從失敗中學習的人絕不致於重蹈覆轍。正如

作家薩洛揚（William Saroyan）觀察到的：「人才之所以優秀，是因為他們從失敗中得到智慧；我們從成功中汲取的智慧非常少。」學著當領導者的人該學學科學家，在科學界，錯誤總在發現真理之先。

4. 問你自己和別人：「我們還漏掉什麼？」

有些人很悲觀，只看得到麻煩，不想花時間期待好事；其他人則像我，自然傾向假設每件事都是好事，但這兩種極端的想法都會傷害領導者。《所有曾是我們的》（*All That Was Ours*）的作者依麗莎白‧艾略特（Elizabeth Elliot）指出：「我們對所有事物所做的概論都是假的，但我們還是繼續錯下去。我們打造出偶像永恆的形象；我們根據標籤所示，選擇排斥或接納人們、產品、節目與宣傳活動；我們所知有限，卻仍可以講得頭頭是道，儼然萬事通。」領導者應該要有更明辨判斷的能力。

根據我們所知的一切做決定很容易，但總有我們不知道的事；根據我們所看的一切選擇方向很容易，但有哪些事是我們看不到的？聽出弦外之音是好領導力不可或缺的能力，你可以從問：「我們還漏掉什麼？」開始。

回顧1990年代的網路榮景，當時似乎每個人都想搶進這股熱潮。我名下一間公司的領導團隊懷抱著開辦網路公司的夢想，每當有人提起此事，總讓房間裡所有人興致高昂。每個人都為這項事業的潛力感到異常興奮。然而，每次一開

始討論這件事，我哥哥賴瑞就會問以下這個問題，頓使大家如夢初醒：「初期投資抑注到這些公司之後，該怎麼創造收入？」但我們從沒聽到令人滿意的答案。

賴瑞是個專門掃興、喜歡推翻別人的主意、打壓機會的人嗎？不，他只是個現實主義者，他這個問題是：「我們漏掉了什麼？」的另一種問法。而當網路公司泡沫化時，我們慶幸他不停追問那個問題。

問：「我們還漏掉什麼？」的價值在於那會迫使每個人都停下來思考。多數人都看得到顯而易見的表象，只有極少人能看到檯面下的問題。提出尖銳的問題能使人們以不同的方式思考；不提問題，就是假設一個專案可能是完美的，只要小心執行就不會出差錯。但事實絕非如此。

5. 允許身旁的人反駁你

最近我在一個飽受壓力的業務部門辦公室裡看到一個牌子：「你喜歡旅行嗎？你想認識新朋友嗎？你想解放未來嗎？你只要再犯一個錯誤，這些都是你的了！」害怕犯錯使得很多人無法充分發揮潛力；害怕對領導者坦言某些錯誤的行動可能引發什麼問題，也傷害了許多團隊。最優秀的領導者會邀請整個團隊成員提供意見。

當領導者得不到團隊成員的想法，可能釀成災難。艾伯拉蕭夫在《這是你的船》裡提及這一點：

當我聽到噩耗那一刻（指一艘日本漁船在夏威夷外海被美國核子動力潛艇格林威爾號撞沉），有人提醒我，就像許多意外事件，儘管有些人感覺到危險，卻不一定會大聲説出來。當格林威爾號的調查漸漸展開，我在《紐約時報》讀到一篇文章説，潛艇船員「太尊重指揮官而不敢質問他的判斷」。如果不敢提出異議就是尊重，那我一點也不想要。你的組織裡需要有人拍拍你的肩膀説：「這是最好的方法嗎？」、「慢一點」或「想想看」，或者「我們的目標值得去殺害或傷害別人嗎？」

歷史紀錄下數不清的事故，肇因於船長或組織經理人縱容威嚇的氣氛瀰漫職場，噤若寒蟬的部屬不敢提出可預防災難的警告。就算是出於欽佩指揮官的技巧與經驗而不願站出來説話，團隊間還是得營造出向上質問的氛圍，才能培養出再三檢查的習慣。[15]

三個臭皮匠，勝過一個諸葛亮。因為我已經學乖了，自此便從一個逃避壞消息的人，變成歡迎壞消息的人。多年來我允許核心成員提出尖鋭的問題，也允許他們在不同意我的看法時表達意見。我可不想在犯錯之後才聽到人説：「我早就認為那不是個好決定。」我希望人們告訴我先見之明，而非放馬後炮。在做決定前反駁你的意見絕非不忠；而做成決定後才來質問，並非是我認同的團隊合作方式。

如果你領導他人，那麼你需要給他們特權提出尖鋭的問

題,並反駁你的意見,而且一定要由領導者主動給出這樣的許可。太多時候領導者寧可要一群睜隻眼、閉隻眼的部屬,也不要牙尖嘴利的跟隨者;但如果在思考決定的過程中,所有人都不發一語,決定後反而未必是鴉雀無聲。英國的哲學家兼政治家培根爵士(Sir Francis Bacon)觀察到:「如果一個人以確定開始,他會以懷疑結束;但如果他滿足於以懷疑開始,他會以確定結束。」這些話是一個願意問:「我現在犯什麼錯?」的領導者會說的。

你最大的錯誤是不去問你犯了什麼錯

應用練習

1. **你對錯誤的態度是什麼**？你是樂觀主義者、悲觀主義者，還是務實主義者？樂觀主義者害怕找到可能的問題；悲觀主義者深信除了有問題，什麼都沒有。這兩種態度都無濟於事。你得力求實際。你本週工作時，問你自己、同事及部屬，（1）「什麼事可能會出錯？」，（2）「我們是不是還漏掉什麼？」

2. **你坦承自己的錯誤嗎**？錯誤是你的敵人還是朋友？領導者犯錯及認錯的頻率，足以證明他們是否欣然認錯並與之為友。請你的同事幫你打分數，從1分（不願意）到10分（高度投入），看你坦承錯誤的意願有多高。如果得分低於8，你得更努力向別人承認你的軟弱、坦白自己的錯誤並從中學習，樂於接受失敗是成功的一部分。

3. **你得到部屬最棒的想法嗎**？你問部屬意見的頻率有多高？把他們納入蒐集資料及決策過程的機會有多高？身為領導者，你終究得為最後決定負起責任，亦即責任在你身上。然而，如果你不充分運用部屬的想法與經驗，就是限制了自己的領導效能。從今天起開始廣徵別人的意見吧。

培養領導者小建議

如果你是你指導的人的直屬上司，而他們從未冒險、犯錯，那麼你可能是問題的部分原因。身為一個領導者的導師，你必須營造一個環境，不但允許別人犯錯，也鼓勵人犯錯，並認為犯錯就是進步的代價。為你指導的人創造犯錯的「空間」。標示出你要他們實驗或冒險的區域，允許他們犯錯。定下未來會面的時間，屆時再評估這個作法如何改變他的領導力。

13 | 不要管理你的時間，
而是管理你的人生

Don't manage your time—
manage your life.

　　在領導者生涯早期我就明白，在最短時間內做最多的事，是證明我領導生產力與效能的必要條件。正如杜拉克說的：「沒有任何事比珍惜時間，更能顯現主管的高效能。」

　　因為我自知在這方面需要改進，就去參加了一個時間管理講座。那一天我學到許多寶貴的經驗，其中有一點衝擊最大，並如影隨形跟著我三十年，那就是講者用來描述時間的比喻。他說我們的日子就像許多一模一樣的手提箱，即使它們都一樣大，有些人就是能比別人裝進更多東西。原因何在？他們知道該裝什麼。那一天的大半時間我們學習在指定時間內該裝些什麼東西。

● 我們的日子就像許多一模一樣的手提箱，即使它們都一樣大，有些人就是能比別人裝進更多東西。

時間無法管理

我離開那個講座時，心中有兩個感想。首先，時間是個機會均等的老闆，每個人的一天都是24小時，分秒不差，但得到的回報卻不盡相同。其次，真的沒有「時間管理」這回事，這個詞本身就自相矛盾。沒有人可以管理時間，也不能以任何方式控制它。不管你做什麼，它依舊分秒流逝，就像計程車的計費表，無論行進或靜止，表照樣跳。每人每天可以用的時數與分鐘數都一樣，再精明的人都不能從某一天省下幾分鐘留到另一天再用；再聰明的科學家也不能創造多一點時間；就算是富可敵國的比爾·蓋茲，也不能一天多買幾個小時。甚至人們總是說要「找個時間」，他們其實也得放棄這種徒勞無功的嘗試，因為根本沒有任何多餘閒置的時間。24小時就已經是我們能得到最多的時間了。

你不能管理你的時間，那你能做什麼呢？就管好你自己吧！善用時間是最能區別成功者與其他人的指標。成功者明白時間是世上最寶貴的資產，他們也知道時間用到哪裡去了。他們一再分析時間用法，而且會問自己：「我好好利用了嗎？」

即使絕大部分的人會承認時間有限，我想他們多半並非真的明白時間的價值。在《生與死之間要做的事》（*What to Do Between Birth and Death*），史匹桑諾（Charles Spezzano）說：「你並非真的花錢買東西，而是花時間買。如果你說要

● 你不能管理你的時間，那你能做什麼呢？就管好你自己吧！

在五年內存夠錢來買夢寐以求的度假別墅，就表示這別墅會花去你五年，相當於成年以後十二分之一的人生。你把房子、車子或任何其他東西換算成時間，然後看看它們是不是還有這個價值。」

好領導者應該管好自己

當人們做事成效甚小或沒有正面回饋時，便是在虛擲光陰。部屬這樣浪費生命和潛力已經夠糟了，但如果領導者這樣做，他們不但傷害自己，更把跟隨者的潛力一起揮霍掉！

我注意到不善管理自己的人，通常會犯這三個錯：

1. 他們會低估自身的獨特性，做別人要求的事

詩人桑伯格（Carl Sandburg）這麼忠告：「時間是你生命中最寶貴的錢幣，只有你能決定把它花到哪裡去，小心別讓別人幫你用掉了。」正如我在第七章〈找到你的強項，並專注發展〉提到的，我初入職場時，允許別人影響我怎麼花那枚「錢幣」，結果是我不停瞎忙，全無效率，不停地實現別人的期望，而非做我天賦擅長的事！

身為領導者，我想要有所改變、我想發揮影響力。換做是你，會不想嗎？當我更專注實現我的願景，而非他人的期望時，我的領導能力提升到新高。我相信我生來是要完成特定使命，但如果一味嘗試成為別人眼中的我，我根本別想去

完成我自己的使命，而且還會把別人希望我做的事情做得很糟。我必須有自己獨特的貢獻，沒有任何人可以代勞。

別人有時候不了解我為何極力捍衛我的行事曆，又為何要拒絕別人的請求。我並非故意唱反調，而是因為我的使命感很強，加上我知道自己的強項和弱點，所以想充分利用有限的時間做最多的事。我不會讓別人牽著我的鼻子走，而如果你想當個有效能的領導者，也別讓人對你這麼做！

2. 他們做無關緊要的事降低自己的效益

散文作家梭羅寫道：「只是忙碌是不夠的，重點是『我們在忙什麼』？」你從何判斷事情是否值得你付出時間與精力？多年來我用以下這個公式幫助自己了解一項任務的重要性，所以我可以有效管理自己。這個公式有三個步驟：

第一步：依重要程度將任務分級：

事關重大＝5分

必須去做＝4分

重要＝3分

做了有幫助＝2分

不太重要＝1分

第二步：依任務完成時間的緊急程度分級：

這個月＝5分

● 任何值得做的事都值得做得更好。

下個月 = 4 分
這一季 = 3 分
下一季 = 2 分
年底 = 1 分

第三步：將重要程度與緊急程度的分數相乘：
例如：5（事關重大）× 4（下個月）= 20

然後我再根據下列評量表判斷該何時完成任務：
A= 16-25　月底前就得完成的關鍵任務
B= 9-15　這一季結束前就得完成的重要任務
C= 1-8　　年底前完成的低重要性任務

你會注意到一件事，沒有任務必須在今天或一週內完成，爲什麼？我總是試著在一個月前就計畫好時間。領導者應該比組織中其他人更高瞻遠矚，如果領導者總是在危機時刻才做出反應，他們的人與組織都會遭殃。

3. 未經充分訓練就行事，會降低自己的潛力

任何值得做的事都值得做得更好。每當有人不向前輩請益就嘗試完成任務，總讓我詫異不已。接受培訓、教練或指導，人們的生產力在短時間內就會產生巨大改變。

美國賓州大學教授詹斯基（Robert Zemsky）及夏門

（Susan Shaman）研究美國 3,200 家公司後發現，資本支出每增加 10%，只能提高 3.8% 員工生產力；然而，培訓費用每增加 10%，員工生產力卻提高 8.5%。[16] 如果你想充分利用時間，就充分發揮自己，找個人幫你提升你及員工的能力。正如我的傳播工作者朋友金克拉（Zig Ziglar）說：「唯一比訓練好員工卻失去他們更糟的事是，不訓練員工還綁住他們。」

　　管理你的生活、充分利用時間，真是一門藝術，需要平時養成，我認識的人很少小小年紀就嫻熟此道。大部分人從來沒學會，那些學到的人則是隨著時間漸漸發展而成。人生管理始於對時間的知覺，也從我們為善用時間所做的選擇開始。那些善於管理的人所做的事，都能：

- **促進他們人生整體的目標**——幫助他們成長。
- **強調他們的價值**——帶給他們成就感。
- **把他們的長處發揮到極致**——增進他們的效能。
- **增加他們的幸福**——使他們更健康。
- **帶領、訓練別人**——提高他們的生產力。
- **為別人加分**——擴大他們的影響力。

　　他們明白，沒有時間管理這回事，只有人生管理。

　　我的老友貝恩（Dwight Bain）最近寄給我一則故事，讓我對人生管理有不同的體認。這是戴維斯（Jeffrey Davis）

所寫的一則寓言。內容如下：

　　我年歲愈長，愈享受星期六早上的時光。也許是因為最早起床，因而享有安靜獨處的片刻，或許是來自那份不用工作的無盡喜樂。不管是哪個原因，星期六清早這幾個小時是最快樂的時光。

　　幾個星期前的週六清晨，我一手拿著還在冒煙的咖啡，一手拿著早報，正慢吞吞地踱向地下室。原本是典型的開場，後來卻演變成一堂神來之筆的人生課程。讓我告訴你是怎麼回事吧。

　　我調整我的業餘無線電收音機（ham radio），以便收聽週六早晨的交換網。在這過程中，我偶然聽到一個老傢伙的聲音，他的電台收訊極佳，而且他還有個迷人的嗓音。你知道我說的那種嗓音，聽起來就像這個人該朝廣播界發展。他正在跟某個人聊有關「一千顆彈珠」的話題。

　　那撩起我的好奇心，就停下來聽他要說什麼。「好，湯姆，聽起來你確實忙著工作。我肯定他們付你高薪，但很遺憾你必須這麼常離家工作。難以想像一個年輕人每週得工作六、七十個小時才能糊口，更糟的是你錯過了女兒的個人舞蹈發表會。」

　　他接著說：「湯姆，讓我告訴你一件事，這件事幫我正確看待事情的優先次序。」他就要開始解釋所謂「一千個彈珠」的理論。

「你知道，有一天我坐下來做一點小算數。一般人的壽命大概七十五歲，我知道有人多一些、有人少一些，但平均大約是七十五歲。」

「下一步我用 75×52，得到 3,900，這是一般人終身擁有的星期六數量。湯姆，我就要講到重點，你得聽仔細。」

「我直到五十五歲才細細思索這一切，」他繼續說：「在那之前我已虛度超過 2,800 個星期六。如果我也是活到七十五歲，那大概只剩下 1,000 個星期六可以享受。」

「所以我走進玩具店，把店裡每一顆彈珠買下來，我最後必須跑三家才湊足一千顆彈珠。我把它們帶回家，放在一個透明的大塑膠桶內，它此刻就立在我的播音設備旁。從那天起，每週六我都會拿出一顆彈珠，把它丟掉。」

「我發現，每當我看到彈珠日益減少，我更加專注生命中真正重要的事。眼看著你在世上的時光流逝，沒有任何事比這麼做更能幫你排對優先次序了。」

「現在讓我告訴你最後一件事，然後我就要收線，帶我可愛的太太出去吃早餐了。今天早上我才從罐子裡拿出最後一顆彈珠。我想，如果到下星期六我還活著，那就是偷到多一些時間。多得到一些時間，對我們每個人都很有用處。」

「高興認識你，湯姆，我希望你多花時間跟家人在一起，我也希望還能在頻道上與你相遇。」

當他收線時，靜到幾乎一根針掉下來都聽得見。我猜他給了我們所有人很多值得深思的事。那天早上我本來計畫要

整修天線，然後出門見幾個火腿族，一起完成下一期的族務通訊。相反地，我走上樓把太太吻醒：「來吧，親愛的，我要帶妳和孩子們出去吃早餐。」

「今天是吹什麼風啊？」她笑著問。

「沒什麼特別的啦，只不過我們星期六好久都沒有跟孩子們一起過了。對了，我們順便去一下玩具店好嗎？我得買一些彈珠。」[17]

走筆至此，我已六十歲。如果我能活到七十五歲，還剩下780顆彈珠。體認這個事實，我有了更強烈的動機來正確管理我的生活，也更充分利用餘生。我隨身帶著一張卡片，上面是博物學家博洛夫（John Burroughs）的話，用來提醒自己時間有限：

我還是覺得每一天太短了，
不夠用來想所有我想思考的事，
不夠用來走完所有我想散的步，
不夠用來閱讀所有我想看的書，
不夠用來會見所有我想看的朋友。

當你有很強的目標感、想要享受人生，也體認到生命很短促，日子似乎總是不夠用，那就是為什麼你必須有效自我管理。在職場、生活和領導之間，你所做的每一件事都有賴於有效的自我管理，這是我希望你能早一點學到的課題。

不要管理你的時間，而是管理你的人生

應用練習

1. **你在虛擲光陰嗎**？回顧你目前定期做的事，有沒有來自別人對你的不當期望？有沒有不重要的事？還是說，你做的每一件事都出於你的優先次序與長處？如果不是，你需要改變你正在做的事；如果你目前的職位或行業讓你無法改變，那就得考慮轉換職位或行業。

2. **在你需要的地方能得到幫助嗎**？如果你正在做重要的工作，但既得不到幫助，也沒有訓練可以改善你的表現，你就沒辦法盡其所能管理時間。花幾分鐘推敲出你需要什麼：訓練、指導或教練。柯維（Stephen Covey）把這個過程稱為「磨利斧頭」。如果你的老闆願意幫助你取得這些，那再好不過；如果不願意，你就自己花錢。你在優先次序前幾名的領域裡提升能力，永遠會是一項很好的投資，長遠看來，必會連本帶利地還給你。

3. **你如何決定運用時間的方式**？你的標準是什麼？你當下想做什麼就做什麼嗎？你是否擬定每日工作清單？我希望你更有效地計畫時間，而且要持久力行。

想想你下個月及明年要做的事，然後用下列公式分級，決

定何時該做何事。把每一項任務的重要性（事關重大 = 5 分，
必須去做 = 4 分，重要 = 3 分，做了有幫助 = 2，不太重要 = 1
分）與急迫性（這個月 = 5 分，下個月 = 4 分，這一季 = 3 分，
下一季 = 2 分，年底 = 1 分）相乘，然後再決定在你的行事曆裡
何時展開這項任務。

> A= 16-25　月底前就得完成的關鍵任務
> B= 9-15　 這一季結束前就得完成的重要任務
> C= 1-8　　年底前完成的低重要性任務

培養領導者小建議

你為你的部屬提供多少目標確定的訓練？你必須辨識出每
個人拿手的領域，再提供他們適當的訓練。在這方面訂出
一套計畫，定期安排會議，把你所學的功夫傳授下去，目
標應該是讓這個人足以在這方面取代你。

14 不斷學習
才能不斷領導

Keep learning to keep leading.

克特是位推銷員，有天我倆在俄亥俄州蘭卡斯特市的假日飯店共進早餐時，他探身過來丟給我一個問題，這個問題改變我以往的生活和領導方式。

「約翰，你對個人成長有什麼計畫？」

這問題難倒我了，因為我沒有計畫過。那時候，我甚至不知道我需要個人成長計畫！

我開始告訴克特一大堆我的工作計畫，免得讓自己難看。我滔滔不絕講了十五分鐘之久，就是想說服他（及我自己）只要努力工作就可以幫我成長並發揮潛力。不就該是這樣嗎？你先是努力工作、攀登成功階梯，然後有一天你就「上去」了？

●「人不會自動成長，你必須刻意去做。」── 克特

　　我想打動克特的嘗試最後是徒勞無功，就像一架飛機在機場上方盤旋，等候降落許可，一圈又一圈，直到耗盡燃料。

　　「你沒有訂定個人成長計畫，是吧？」

　　「沒有，」我終於承認：「我猜我沒有做過。」

　　他接下來說的話具有改變生命的力量。

　　「你知道嗎？約翰，人不會自動成長，」克特解釋：「你必須刻意去做。」

　　這段對話發生在1973年卻言猶在耳，彷彿是上星期才發生的事。那刺激我立刻訂出個人生命成長計畫，接著每一年我都督促自己有策略地、刻意地成長。

　　數十年來我在會議中都會論及個人成長議題，有時因此遭受批判。我記得有個人在某個場合中走過來對我說：「我不喜歡你的個人成長計畫。」

　　「沒關係，」我回答：「那你的計畫是什麼？」

　　「我沒有。」他說。

　　「這樣的話，那我比較喜歡我的！」

　　我猜測，他認為我談個人成長計畫只是為了賣書，但他不知道，遠在我開始出書或錄音帶前，我就開始談個人成長計畫了。我知道人們不是在偶然的情況下發揮潛能，成功的祕訣可以在每個人的日常工作中找到。如果他們每天刻意做點幫助成長的事，就更容易發揮潛能；反之，他們的潛能會隨著生命進程涓滴流逝。

如果你想成為好領導者，就必須學得好又快。我寫下《贏在今天》這本書就是想幫助有這個念頭的人。在本書第三章〈關鍵時刻決定你的領導力〉，我分享「每日12件事」（Daily Dozen；詳見本書第42頁）的個人成長準則，或許你可以把它當做個人成長起跑的軌道；如果不適用，另外找個合用的準則。關鍵是，如果你不訂定個人成長計畫，就不用奢望有所長進！

你要如何成長？

身為領導者，當你尋求學習與成長方法時，讓我給你一些意見領你入門。我本著三十多年來力行持續學習和成長的經驗，謹呈下列建議供讀者參考：

1. 先投資你自己

絕大部分領導者都希望壯大企業或組織，哪一件事最能決定組織是否會成長呢？那就是組織裡的人是否會成長。又是什麼事決定人是否成長呢？答案是：領導者是否成長！只要人們緊隨在後，你走多遠他們也就走多遠，所以如果你不成長，他們也不會成長，要不他們就是選擇求去，換一個能讓他們成長的環境。

當我還是個年輕領導者時，曾在昂貴的書籍及會議上花很多錢，內人瑪格麗特和我後來發現這樣很吃力，因為我們

●「你停止學習的那一刻,你就停止了領導。」——華理克

的收入相當有限。我們常常遞延其他重要花費,以便先投資自己。雖然日子辛苦,這些早期投資已連本帶利回收,多年來我的領導能力逐漸提升,這就是極大的回報。

先投資你自己可能會讓周圍的人覺得你很自私,甚至為此批評你。如果他們這樣做,意味著他們不了解成長的真義。空服員在解釋逃生步驟時會告訴乘客,大人得自己先戴上氧氣面罩,再幫孩子戴,這個指令自私嗎?當然不是!這是因為孩子的安全與福祉全仰賴父母有能力幫助他們。身為領導者,你得對你的人負責,他們也要靠你!如果你一點領導能力也沒有,那你要把他們帶去哪裡?

如果你環顧四周,會發現生活中處處可見一個模式:上司進步了,員工也更好;父母進步了,孩子也更好;業務員進步了,顧客也更好。同樣地,領導者進步了,跟隨者也更好。這是個普世原則。前美國總統杜魯門說:「除非你先成功領導自己,否則你無法領導別人。」你只有先投資自己,才有可能成功領導自己與別人。

2. 力學不輟

當領導者獲得夢寐以求的職位或已接受某些層次的訓練,就會面臨懈怠的誘惑,那是危險的情境。牧師華理克(Rick Warren)是《標竿人生》(*The Purpose Driven Life*)的作者,他說:「你停止學習的那一刻,你就停止了領導。」如果你想要領導,就必須學習;如果你想要永續領導,你必

須力學不輟。學無止境保證讓你渴望更上一層樓，也幫你維繫跟隨者對你的信任。

在高爾夫球界，多年來最有影響力的人之一是教練潘尼克（Harvey Penick），他是暢銷書《潘尼克的高爾夫紅寶書》（*Harvey Penick's Little Red Book: Lessons and Teachings from a Lifetime of Golf*）的作者，教過多位高球名將改善球技，如克倫肖（Ben Crenshaw）、凱特（Tom Kite）、溫沃斯（Kathy Wentworth）、帕默（Sandra Palmer）及萊特（Mickey Wright）。克倫肖在1995年抱走高爾夫名人賽冠軍時淚灑球場，因為他終身的良師益友潘尼克剛剛過世。

你如果知道潘尼克多半是自學成才，可能會大吃一驚。數十年來他隨身攜帶一本小紅書，裡面龍飛鳳舞寫著觀賽心得，用來改善自己的球技。他就是個活到老、學到老的典範，他只要一進步，教出來的人也跟著精進。諷刺的是，潘尼克從未打算出版這本筆記。原本他只是單純地想把這本書傳給兒子，但外人成功說服他把多年來累積的學習結晶全數出版，結果是人們現在仍然向他學習，得益於他的智慧。

我在《人生一定要沾鍋》裡寫到學習原理：「我們遇到的每個人都有可能教我們一些東西。」保持受教的態度是永續學習不可或缺的動力。不同於一般人相信的道理，阻止一個人不斷發現、成長的最大障礙不是無知或才智不足，乃是自以為知道的錯覺；人生中最大的危險便是自以為已經抵達目的地。如果你這麼想，你的成長之路已經中斷了。

　　成功的人不會把學習或成就當成一個固定的目標，全力以赴、抵達終點、安於現狀，最後以為自己大功告成。我就從來沒有聽過終身學習的人會說，他期望完成人生的最後一個挑戰，他們總是帶著興奮、好奇心或求知欲。他們最迷人的特質之一就是吸引他人一同渴望邁向未來、發想新的挑戰，而且經常保有想知道更多、成就更多的感覺。他們深知，停留在避風港內就無法征服世界。

　　講到學習，你採取什麼態度？我觀察到人們可分成下列三類，活在其中一區：

- **挑戰區**：「我對從未做過的事情躍躍欲試。」
- **安逸區**：「我做我知道自己做得到的事。」
- **下滑區**：「我根本不做我以前做過的事。」

　　每個人都是從挑戰區開始。在我們還是小嬰兒時，得學會吃飯、講話和走路。然後我們去上學，繼續學習。但每個人都會走到生命中某個時刻，不再繼續嘗試新事物了。這是一個分水嶺。有些人很早就走到這一步，其他人則是在達到某種程度的成功後才走到這一步。這個時候就是他們決定走到哪一區的關鍵時刻：進入挑戰區，他們將持續嘗試新的事物、探索，雖然有時難免失敗；安逸區，他們不再冒險；下滑區，他們甚至連嘗試都不想了。

　　當一個人選擇離開挑戰區，停止繼續成長，那是悲哀的

一天。正如布魯克斯（Philips Brooks）牧師在前美國總統林肯的葬禮上所說：「當任何人變得完全滿足於他過的生活、思考的念頭與採取的行為，那是多麼可悲的一天。當他停止渴望追尋更大的事，也不認為那是他應該去追尋的，那是多麼可悲的一天。」

終身學習無可代替，這些年來我發展出一套需要高度自律的成長準則：

我每天**閱讀**以求個人生活成長。
我每天**聆聽**以擴展我的視野。
我每天**思考**以應用我學來的學問。
我每天**整理**以保存我學來的學問。

我試著奉行德國哲學家歌德的忠告：「絕不要錯過看完美的藝術品、聽偉大的音樂、讀偉大的著作這些事，讓一天就這麼白白溜走。」

我調整心態採行這種生活之道。接任領導職位開始幾年，我想當「答案先生」，成為專門提供別人答案的專家；1973年與克特談過後，我想成為「開放先生」，是虛心受教、渴望每天都能成長的人。我衷心渴望活到老、學到老，不只對我個人有益，也造福別人。我絕不容許自己忘記前美國總統甘迺迪所說的：「領導與學習互依互存。」

3. 為人營造鼓勵成長的環境

在我決定要追求終身成長後不久，卻發現大部分的工作環境不利於成長。許多朋友根本不想持續成長，他們心裡的想法是，都已經花錢上大學，也早已畢業了，已經懂得夠多了。在很多方面，他們就像個學算數的小女孩，當她學到12 乘方時，以為已經讀遍數學了。當爺爺眼睛發亮地問她：「13 × 13 是多少？」她嗤之以鼻說：「別傻了，爺爺，根本沒這回事。」

資質平庸的人會想把努力超越平凡的人拉下來。通往成功的大道一路都是上坡，大多數人不願付這個代價。很多人寧可處理老問題，也不想找出新答案。我必須脫離一個靜如死水的環境，並且與不想學習的人保持距離，如此才能終身學習。

我找出重視成長、也讓人們在其中成長的地方，那幫助我改變及成長，特別是在我領導旅程剛剛展開時。

如果你投資自己，也採取持續學習的態度，你可能認為你已做了個人成長所有需要做的事。但身為領導者，你還有一項責任，那就是為你帶領的人創造一個有益成長的環境。如果你不這樣做，組織裡想要成長的那些人會覺得工作不如預期，他們最終會找別的機會求去。

有益成長的環境是什麼樣子？我相信它具備以下十個特徵：

- 別人跑在你前面
- 你不斷面臨挑戰
- 你的眼光焦點在前方
- 職場氣氛是肯定的
- 你經常必須離開你的舒適區
- 你清晨醒來時滿懷興奮
- 失敗不是你的敵人
- 別人都在成長
- 人們渴望改變
- 成長有法可循，備受期待

如果你能成功打造一個有益成長的環境，不但組織中的人得以進步成長，而且潛力無限的人才也會不請自來！那會使你的組織面目一新。

人各有異

華德‧迪士尼（Walt Disney）評論：「我是過往經歷的一部分。」無論你想跨入永續學習者的行列，或想打造一個可供成長的組織，成功的祕密可以在你周圍的人身上找到。人與人之間的態度和行為會互相砥礪。

我父親很愛講一個故事，說的是有個人想讓他的騾子進入肯塔基賽馬會（Kentucky Durby），卻立刻遭到拒絕及斥

● 據說中亞的韃靼民族以前會用一種咒語對付敵人，不是叫對方
迷路或暴斃，而是說：「願你永遠留在同一個地方。」

責。

「你的騾子完全沒有機會在比賽中贏過血統純正的種
馬，」賽馬會主辦者怒斥他。

「我知道，」那人回答：「但我想，馬會應該對牠有幫
助吧。」

與比我們優秀的人在一起，會讓我們盡心竭力並改善自
己。那不一定讓人感到舒服，但總是有益處。據說偉大的詩
人愛默森（Emerson）每次碰到偉大的散文作家梭羅時，他
們都會互問：「我們上次見面之後，你對什麼事的看法更清
楚了？」他們都想知道彼此學到什麼。偉人渴望能與優秀的
人相得益彰，小人物則畫地自限，而且希望你也畫地自限。

我要感謝克特在職涯之初就幫我了解成長的價值，與他
交談後，一年內我就可以理直氣壯地說自己在學習、成長與
改變。據說中亞的韃靼民族以前會用一種咒語對付敵人，不
是叫對方迷路或暴斃，而是說：「願你永遠留在同一個地
方。」多可怕的想法！

不斷學習才能不斷領導

應用練習

1. **你是否以為你已經抵達目的地**？如果你認為當你升到某個職位、得到某個地位或資格、賺到某種等級的收入，你就已經（或有可能會）抵達目的地，那你的麻煩大了，可能有處於安逸區或下滑區的危險。你要怎麼防止這種危險呢？確定你的長期個人目標是以成長為取向，而非以目的地為取向。

2. **你的計畫是什麼**？讓我暫時扮演你生命中的克特，對你提出這個問題：「你的個人成長計畫是什麼？」長時間努力工作並不保證成長，升官也不能。你這個星期、這個月、這一年要怎麼積極成長呢？我建議你每月至少讀一本教人成長的書、每個月至少聽一片鼓勵他人成長的 CD 或錄音帶，此外，還可以參加年度研討會或以成長為取向的靜修會。

3. **你在打造一個成長環境嗎**？如果你取得任何領導者的位置，就有責任為部屬創造成長的環境。用本章的指導方針開始打造。記得，一個成長環境是這樣的：

- 別人跑在你前面（這表示你在成長）
- 你不斷面臨挑戰

- 你的眼光焦點在前方（放在未來，而非過去的錯誤）
- 職場氣氛是肯定的
- 你經常必須離開你的舒適區（但不離開你的強項區）
- 你清晨醒來時滿懷興奮（興致勃勃準備上班）
- 失敗不是你的敵人（你獲准冒險）
- 別人都在成長（你必須高度重視每個人的成長）
- 人們渴望改變
- 成長有法可循，備受（你和其他人）期待

培養領導者小建議

你帶著指導的人一起讀這本書並教授他們，就是在投資他們，並營造一個有益成長的環境。現在，再進一步投資，幫每一位量身打造個人成長計畫、挑一些他們來年派得上用場的書及課程、送他們去參加你認為最能幫助他們的研討會，並且給他們一天個人安靜思考時間，好讓他們回顧所學，並思索如何永續成長。

15 | 在困難中
才能看出眞領導者

Leaders distinguish themselves
during tough times.

　　你身為領導者，當前的目標是什麼？在領導者生涯的第一年，我的目標很簡單：我希望我的小小會眾在年底的教會事務會議中，全體投票支持我。

　　我是家中第三代的牧師，在我成長的教會裡，人們相信牧師有責任讓所有教徒皆大歡喜。教會裡最受尊敬的領導者，是那些從不興風作浪，而且努力維持風平浪靜的人。事情愈一成不變，人們愈歡喜快樂，印證的方式之一就是在一年一度的教會事務會議裡，投票決定是否留任牧師。

　　對我而言，成功最可靠的跡象就是會眾全數通過認可我的領導。這就是為什麼我說那是我的目標。

　　隨著第一次的會員大會來臨，我很有信心一定會全數通

過，畢竟，我花了一整年盡己所能地取悅教會裡每一個人。當我們最後討論完全部的事，選票也算完了，祕書站起來宣讀：31票「是」、1票「否」、1票棄權。儘管我試圖隱藏情緒，但其實我感到震驚、困惑，而且深受傷害。

　　會議一結束，我飛奔回家打電話給父親，他也是我們教派的一位領導者。我告訴他來龍去脈，然後麻木地複述投票結果。

　　「爸爸，結果這麼糟，我是否該引咎辭職？」我問道。

　　恐怖的是，我竟然聽到他大笑。

　　「不，兒子，」他回答：「你最好留下來。我很了解你，這是你所能得到最好的結果了！」

　　接下來六個月，每個星期天早晨我都會留意教會裡的人，然後問自己：「是誰投我反對票？」我終究沒有找到，卻因而更了解自己：我發現自己極度渴望別人認可。那對我可能是個大問題，每次需要做不得人心的決定時，我總想把燙手山芋踢得遠遠地，不想接手。身為年輕的領導者，我很快就樂於接受領導的額外好處，卻很不樂意付出領導的代價。

　　人們在面對這種軟弱時，可以選擇逃離或試著解決。雖然說每個人都該嘗試在最有才華的領域中成長，這個情況卻不一樣。這是品格問題，它極可能削弱我的領導能力，並迫使我的事業脫軌。如果我不妥善處理，就很難領導有方，或在領導之路更上一層樓。

● 如果我有求於人們，我就不能帶領他們。

領導者要做什麼？

我花了一段時間，終於想通讓我在難關做更好決定的道理：如果我有求於人們，我就不能帶領他們。當我想到這個念頭，並不是用一種高傲或冷漠的方式看待領導這件事。當然領導者需要群眾。領導的目的就是帶他們到憑一己之力去不了的地方，要激勵他們勝任自以爲做不到的事，並共同成就唯有團隊合作才能完成的大計。領導者要做到這一點，就必須愛他的跟隨者，與他們親近。

然而，有些時候領導者必須前進，在未得到眾人認可之前就勇敢邁步。領導者如果凡事需要眾人認可，反而對他無益。身爲領導者，如果我只想讓所有人皆大歡喜，最後反而會導致人心渙散。領導者必須忠於願景、忠於群眾，即使這麼做不受歡迎。這是領導者的重擔之一。

在領導生涯早期，我常以這句「如果我有求於人們，我就不能帶領他們」說法自我提醒，每次心中萌起取悅他人的念頭、摒棄有效領導時，我就對自己複述這句話。在第二次年會來臨前，我對投票結果不再患得患失，因爲眞正重要的是忠於願景。此外，我父親是對的，自此以後我沒有得到更好的投票結果，第一次已是絕無僅有的佳績了！

做出困難的決定

每個領導者都會面臨難關，那就是他們得以脫穎而出、展現真本事的時刻。領導有時非常困難，需要很大的勇氣。當然，過程並不總是這樣。每位執行長所做的決定，有95%的機率和一個聰明的高中畢業生做的決定一樣，只需要足夠的常識。但執行長並非為此坐領高薪，而是為了那關鍵的5%！那些都是棘手的困難決定。每個改變、每項挑戰、每段危機都需要做出困難決定，處理方式足以區別出優秀的領導者與能力平庸的人。

你怎麼知道何時面臨緊要關頭，需要保有領導者的最佳狀態？當這個決定具有下列三個特徵時，你就知道了：

1. 做出困難決定需要冒點風險

我有次讀到一則報導，1940年蘇聯越界強行併吞拉脫維亞後，在首都里加的美國副領事擔心美國紅十字會的物資遭趁火打劫，請求華府的國務院准許他在紅十字會旗上方加掛一面美國國旗，以嚇阻有人來搶物資。

「無前例可循。」國務院辦公室回以這樣的電報。

副領事接到消息後，親自爬上旗竿，當著眾人面前把美國國旗釘上去。然後他發電報給國務院：「就在今天，我開了先例。」

領導者必須一夫當關，勇於冒險任事。奧斯本（Larry

Osborne）牧師觀察到：「有效能的領導者最驚人之處，就是他們極少有雷同的地方。一位領導者信誓旦旦的事，另一位卻戒之慎之。但有一個共通點十分明顯：有效能的領導者都願意冒險。」如果你不願意冒險，就沒有本事當一個領導者，你不可能只在安全範圍內冒險，卻又期望帶領眾人逢山開路。進步總是需要冒險。

2. 困難的決定總伴隨著內心交戰

心理治療師柯普（Sheldon Koop）主張：「所有重大戰役都是在個人內心進行。」當我想到身為領導者面臨的各種難關，我明白每一次都是從自己開始，而非外人加在我身上。如果眼前的路是條平坦大道，就不會有棘手的難題，那麼誰都可以決定。此外，你所做的任何困難決定都會遭到質問、批評，並引發一些後果，這就是它之所以棘手的原因。

內心交戰往往不是眾人關注領導的重點，漫不經心的旁觀者甚至察覺不到它正在進行。身兼牧師、作家與學者身分的史文道爾寫道：「勇氣並不限於戰場上，或是完成500英哩大賽車，或是在自己家裡英勇抓賊。勇氣真正的試煉要安靜得多，都是內在考驗，像是在四下無人時仍保持忠實，在屋子裡空蕩蕩時強忍傷痛，當你遭到誤解時仍昂然獨立。」做對的事並非總是很容易，但如果領導者想要廉正而有效能，那一定是必要的。

因為大部分困難的決定會導致外部戰爭，領導者必須先

● 大部分困難的決定會引發外部戰爭，領導者必須先在內心取得勝利。

在內心取得勝利；如果你內心仍有疑慮，就沒有足夠的安全感對外征戰。那就是爲什麼我先花時間充分理解一連串的行動後，才試圖說服別人。一旦我深信行動正確，就有勇氣完成這些決定，無論那個決定多麼棘手或後續發展多麼惡劣。

3. 困難的決定能突顯你的領導者風範

　　每當我聽到領導者抱怨他們帶領組織時困難重重，都想跟他說：「感謝上帝給你這些難關，那正是爲什麼你會在組織裡擔任領導者。如果事事順利，人們不需要你！」

　　前紐約市長朱利安尼（Rudy Giuliani）說：「當對的人做了領導者，他在棘手時刻會做得更好。」我想這句話非常真實。當一個組織氣勢如虹，任何人幾乎都可以領導，因爲他只需找出群眾的行進方向，搶在前頭就好了。即使組織氣勢不再，優秀的領導者也會指引方向，鼓勵眾人向前。但是當一個組織不僅氣勢潰散，還走錯了方向，這時領導者得展現貨真價實的看家本領了！只有最頂尖的領導者才能在這種頹勢中力挽狂瀾。正是在那些關鍵時刻，他們做了最棘手的決定，也才真正突顯出他們的領導風範。

挺身而出

　　身爲領導者，你得了解，所有的難關若非造就你，就是擊垮你。前英國首相邱吉爾注意到：「每個人一生中總會面

●「每個人一生中總會遇到別人給他一個絕無僅有的機會，讓他發揮長才去做一件特別的事。如果他準備不夠，那是天大的不幸。」──邱吉爾

臨一個特別時刻，那時會有人拍拍他的肩膀，提出一個絕無僅有的機會，讓他發揮長才去做一件特別的事。如果他當下準備不夠或是資格不足，未能迎接生命中可能最美好的時刻，那是天大的不幸。」為最美好的時刻充分準備，關鍵之一就是在較不重要的時刻學習處理棘手的決定。你必須願意做小事、難事和別人看不到的事，漸次做好面對重大難關的準備。如果你連處理小難題都不願意，就別奢望應付大難關時能遊刃有餘；但如果你應付小難題得宜，在處理大難關時就能夠脫穎而出了。那就是你贏得聲譽的時刻。

幾年前，我收到朋友米勒德（Kent Millard）的一封信，告訴我關於一個另類領導者的故事。他寫道：

1999年8月，內人米妮塔和我，和幾個住在阿拉斯加偏遠地帶、靠近德那利公園（Denali Park）的朋友一起度假。某天，他們帶我們去拜訪幾英哩外的鄰居傑夫·金（Jeff King）。傑夫是一個雪橇狗長跑參賽者，曾三度（1993年、1996年、1998年）在艾迪塔羅德（Iditarod）雪橇狗越野拉力賽贏得冠軍，參賽者必須駕著雪橇犬，從位於阿拉斯加中南部的安克拉治市（Anchorage）起跑，一路馳騁一千多英哩到西部的諾姆（Nome）。親身感受到傑夫對他那七十隻愛斯基摩犬的關愛與熱情，以及他對牠們的成熟、力量與勇氣的讚賞，實在是一大樂事。

傑夫告訴我們，他頭一回參加這項賽事，是從十六隻狗

開始，並且常常輪流讓所有狗都有機會帶隊，因爲每一隻都想當領隊犬。最後，他挑出了眞正的領隊犬，充滿活力且執著於領導，成爲群狗之首。這隻狗之所以成爲領導者，是因爲牠眞的在領隊，牠能帶動其他狗跟隨牠的活力與熱情。

傑夫告訴我們在1996年，領隊犬是一隻兩歲半的小母狗。這很罕見，因爲狗群裡總共只有兩隻母狗，而且她比其他公狗年幼、嬌小。但是，他語帶感情地說：「她就是我們的領導者，當暴風雪來臨時，她不放棄，即使雪花罩頂，她仍不停邊跑邊吠，激勵我們繼續前進。即使僅僅兩歲半，她已具備領導者應有的成熟心態。」

當眾人恭賀傑夫贏得1998年艾迪塔羅德雪橇狗越野拉力賽冠軍，他高高舉起領隊犬說：「這是爲我們贏得比賽的領導者。」

無論未來有多棘手，眞正的領導者會繼續帶領，永不放棄，無論何種暴風來襲，也無論情況有多麼複雜難解。

如果你還沒有機會爲部屬及組織的福祉做出困難決定，不要放棄希望，機會終會到來。如果你繼續把事情做對，就會肩負更多責任。當你的責任愈多，你得做的棘手決定也愈多，與此同時，領導者要繼續學習和成長。現在你正在暖身，當艱難關頭來臨時，你會得到一展領導風範的機會；而當你終於碰到巨大挑戰，那可能就成爲你最美好的時刻！

在困難中才能看出真領導者

應用練習

1. **你做過棘手的決定嗎**？在你過往的紀錄中做過什麼棘手決定，跟你目前身為領導者的信用及聲譽息息相關。列出一份你曾做過的棘手決定的年份清單，就是那些當初遭到強烈質疑、抨擊的決定。你看到什麼模式？如果你已長期身處領導地位，在清單上你應該看到很多棘手決定；若沒有，那就是你沒有挑起領導者該承擔的重任。還是你看到棘手決定的數目隨著時間下滑？若是，你可能正失去領導者的優勢。

2. **你預備好要打贏內心戰嗎**？你要如何打贏每個領導者都會面臨的內心戰？你有沒有做決定時可以依循的價值清單或標準作法？你有沒有投入任何形式的日常訓練，以保持身、心、靈健壯？當機會乍現，臨時抱佛腳就來不及了。做好你今日能做的，就可以為明日預備好你應當做的。

3. **你是小心過頭的領導者嗎**？每一個棘手決定都包含風險。在做棘手決定時，若有必要冒險，你願意放手一搏嗎？為了讓你的人或組織更好，即使你知道會飽受批評，仍願意沉靜地做出正確的決定嗎？如果為了維繫你的價值，或捍衛你部屬的福祉，你願意犧牲職位嗎？

培養領導者小建議

如果你指導的人擔負重責大任,那麼他們可能正面臨棘手的決定。詢問他們目前正在處理的困難,並主動與他們詳談棘手的難題。鼓勵他們自行做決定,同時也要力挺他們完成後續過程。

16 | 辭職的人想離開的是人，不是公司

People quit people, not companies.

　　我有很多寫書的靈感來自於全國各地及海外演講的經驗。每當我有演講的行程，都盡可能花時間與聽眾交流，也把握中場休息時間與聽眾聊天，而且只要有機會就幫讀者在書上簽名。我喜歡認識人，也喜歡聽他們的想法及問題。

　　舉例而言，《360度的領導者》這本書集結了十年之間我收到的評論。我常常聽到這樣的評語：「我很欣賞你的領導原則，但我派不上用場，因為我不是最高層的領導人。」或是：「你的主意可能很管用，但你不知道我的上司有多糟。」這些評論促使我寫了那本書，幫助身處各種職位的人學會領導。

　　我寫《360度的領導者》時，常常問席間聽眾是否跟隨

過糟糕的領導者，反應總是一面倒。清晰可辨的呻吟聲會從觀眾席冒出來，而且幾乎每個人都會舉手附和。某一回類似的時刻，我忽然福至心靈，問聽眾一個問題：「有多少人曾經因為糟糕的領導者或工作上人際關係不好而辭職？」再一次，幾乎每隻手都舉起來了。那證實了我早已相信的事實：辭職的人想離開的是人，不是公司。

有進有出的旋轉門

所有組織都有人才進進出出，運作的機制像是旋轉門。人從旋轉門進來，因為他們找到成為公司一份子的原因，也許是組織的願景與他們有共鳴，或是他們相信公司提供了絕佳的機會，或是他們看重公司提供的薪資與福利制度，甚至是因為他們欽佩公司的領導者。總之，有多少人申請一份工作，就有多少種不同的理由。但當他們從同一個門離開公司時，可能有共通點：他們另尋「更綠的草地」的動機，通常是想要離開某個人。

我一直有榮幸同時領導營利公司與非營利組織，在這兩種組織裡，人們來來去去，但是相信我，領導義工組織難度更高，因為唯有他們心悅誠服時才願意跟隨你，他們不是為了掙一份薪水而留下來，更別提服從任何人的帶領。旋轉門法則真實應驗在義工身上，而且在某些組織裡，那個門轉得飛快。

●「有些人無論去到哪裡，都讓人快樂；有些人則是無論何時離
　開，都讓人快樂。」——王爾德

　　我投身牧師工作逾二十五年，所以可以告訴你，人們總
是來來去去。只要有機會，我就會坐下來試著和想離開的人
談一談。當我問他們為什麼要離開，答案絕大部分是因為人
際衝突。老實說，有時他們就是因為我而離開，其他時候則
是因為別的工作人員或義工。聽完他們的說法，我有時會
說：「我不怪你想離開，如果我不是牧師，我就跟你一起
走！」因此把他們嚇一跳。

　　我也要公平地說，有時那些要離開的人才是真正的問
題。有些人就是跟任何人都處不來，無論他們去到哪裡，麻
煩如影隨形。他們就像我的另一本書《人生一定要沾鍋》裡
面的「鮑伯法則」。鮑伯法則是這樣的：「當鮑伯與每個人
之間都出問題時，通常鮑伯就是問題。」在這些情況下，我
會高興地對鮑伯揮手道別，並想起愛爾蘭作家王爾德
（Oscar Wilde）所說：「有些人無論去到哪裡，都讓人快
樂；有些人則是無論何時離開，都讓人快樂。」

人們離開誰？

　　領導者往往會認為別人離職跟我無關，但事實上領導者
通常就是肇因。資料顯示，高達65%的人是因為他們的主
管而離職。我們大可以說員工是離開工作或公司，但事實上
他們通常是開除上司。「公司」沒有錯待員工，是人錯待員
工；有時同事惹出問題，也會促使他人求去，但員工的頂頭

上司往往才是孤立他們的人。

　　大部分領導者都能讓員工在首次見面時留下良好印象，而且人們對新工作總抱持樂觀態度，希望終能成功。但時間一久，領導者的真面目會露出來，無法維持刻意營造的形象。如果老闆是個蠢蛋，員工遲早會知道。所以，員工會開除什麼樣的上司呢？通常分為以下四類：

1. 人們離開貶低他們的人

　　對照超高的離婚率，羅氏老夫婦喬治與瑪麗正慶祝他們的金婚五十週年，一名記者很想知道他們婚姻成功的祕密。所以他問喬治：「你這麼多年維持婚姻快樂的祕訣是什麼？」

　　喬治解釋，當年在婚禮後，才剛結成親家的丈人把他帶到一邊，塞給他一個小包裹，裡面裝著一只喬治至今戴在手上的金錶。他展示給記者看。在一天會看個數十遍的錶面上刻著「對瑪麗說些好話」。

　　所有人都喜歡聽好話、都喜歡受人欣賞，然而，許多人在工作上沒有受到正面的回饋與欣賞，甚至常常是相反的，他們覺得被貶低。他們的老闆高高在上，輕視甚至蔑視他們。對任何一種人際關係來說，這種作法都代表災難，即使是在專業的工作領域。

　　葛拉威爾（Malcolm Gladwell）在他的書《決斷2秒間》（*Blink*）裡，寫到一位關係專家叫高特曼（John Gottman），

● 當領導者貶低他們的跟隨者，就會開始操縱他們，不把他們當
人對待，而是當成東西看待。

說他能夠根據一對夫婦的互動，準確預測他們婚姻成功的可
能性。他以什麼跡象來預見婚姻關係正步向災難？輕蔑。如
果兩者之一輕視對方，婚姻通常註定失敗。[18]

　　我們不可能爲被我們看貶的人加分！如果我們不尊重某
人，我們不可能以禮相待。爲什麼？因爲我們的行爲和信念
很難不一致。

　　我多年來觀察的結論是，當領導者貶低他們的跟隨者，
就會開始操縱他們，不把他們當人對待，而是當成東西看
待。而領導者絕不該這樣做！

　　那麼解決方案是什麼？探尋人們的價值，向他們表達你
的賞識。領導者通常善於在機會或交易中發現價值，對人也
需要有類似的心態。在爲你工作的人身上找到價值，讚美他
們所做的貢獻。他們可能藉由生產貨品或提供服務，貢獻價
值給顧客；也可能透過增加總產值，貢獻價值給公司；還可
能藉著增強自己的能力，在工作上發揮到極致，貢獻價值給
同事。找一些事表達你對他們的賞識，他們會感念而爲你工
作。

2. 人們離開不值得信任的人

　　美國最大的貸款業者全國金融公司（Countrywide
Financial Corporation）總經理兼領導長（chief leadership
officer）溫斯頓（Michael Winston）曾說：

　　有效能的領導者會讓人覺得自己強而有力。每個關於有效領導者的重要調查都顯示，如果人們想要長期跟隨領導者，信任是不可或缺的要素，還必須體認到領導者是可靠、重承諾、值得信任的對象。而無論是對領導者或其他人，培養信任的方式之一就是以一致的言行證明。當言行相符時，信任也就建立了。

　　你是否跟你不信任的人共事過？那是可怕的經驗。沒有人喜歡跟靠不住的夥伴工作。不幸的是，曼徹斯特顧問公司（Manchester Consulting）完成的一項調查顯示，職場信任程度正逐漸下滑，他們也發現，領導者最快在工作上失去部屬信任的五個毛病是：

- 言行不一
- 將個人利益置於團體利益之上
- 隱瞞資訊
- 說謊或說話避重就輕
- 心胸狹窄

　　當領導者打破自己的信用，就像打破鏡子一樣。拿石頭砸鏡子，玻璃頓時碎裂，即使把碎片全部拼湊回去，裂痕永遠存在。破壞力愈大，形象愈變形失真。一旦信任不復存在，要修補一段蒙受損壞的關係就變得非常困難。

相反地，調查發現領導者建立信任的五種最佳方式就是：

- 保持清廉正直
- 公開溝通願景與價值觀
- 尊敬員工如同夥伴
- 將共同目標置於個人利益之上
- 置個人風險於一旁，做正確的事[19]

領導者想要建立並維持信任，與正直、溝通兩者休戚相關，如果你不想人們離開你，就需要展現言行一致、心胸開放，並做到值得信任。

3. 人們離開無能的人

正如這一章開宗明義所言，我最常聽到的抱怨是人們遇不到好領導者。無論是工廠作業員、業務員、中階主管、運動選手或義工，每個人都希望自己的上司是名副其實的領導者，他們充分展現能力，並激發部屬信心，而非單靠個人魅力。

如果領導者無法勝任工作，反而分散團隊注意力，浪費人們的精力，讓他們無法專心做事，也把焦點從組織的願景與價值轉移到個人行為。如果無能的領導者帶領一群才高八斗的部屬，這些人會憂心領導者胡搞瞎搞；如果部屬技能不

足或缺乏經驗，就更不知何去何從。不管哪一種情況，都會
導致生產力下滑、士氣低落。

　　無能的領導者很難長期帶領才能出眾的人。在《領導力
21法則》中的「尊敬法則」說到：「人們自然跟隨能力更
強的領導者。」領導力指數為7（從1到10級）的人不會跟
隨只有4的領導者；相反地，他們會離開，另尋領導者或棲
身之處。

4. 人們離開缺乏安全感的人

　　如果一個領導者重視部屬、正直不阿，而且能力卓越，
人們就會心甘情願地跟隨，對吧？其實不然，即使領導者擁
有上述三項特質，還有一個特質會讓人們求去：不安全感。

　　缺乏安全感的領導者很容易辨認出來，他們對權力、地
位與認同的渴望，明顯表露在懼怕、懷疑、不信任或嫉妒的
態度上，只是有時表現方式比較微妙。

　　格外傑出的領導者會做兩件事：培育其他的領導者，而
且在工作上學習放手。這些是沒有安全感的領導者絕不會做
的事。相反地，他們只想讓自己成為不可或缺的一員，因此
他們不訓練部屬發揮潛能，以免部屬比他們更成功。事實
上，他們不願看到部屬沒有他們的協助而成功，只要部屬步
步高升，他們就備感威脅。

　　人們願意為給他們加油打氣的領導者工作，而不願意為
老愛潑冷水的領導者工作；人們想要的是推他們飛上高空的

領導者，而非扯後腿的領導者；人們想要的是幫助他們發揮潛能以致成功的良師益友。如果他們發現領導者關心的是維護自己的權力、地位，最後他們還是會另覓能者的。

留住人心的竅門

　　無論你是多優秀的領導者，偶爾還是會流失一些人才，但你可以嘗試使自己變成人們想跟隨的領導者。以下事項是我用來提醒自己，辭職的人想離開的是人，不是公司：

　　1. **我為自己和別人的關係負責**。當人際關係轉壞時，我會採取行動改善。

　　2. **我會在部屬離職前做個訪談**。目的是要找出我是不是他們離開的原因。如果是，我會道歉並試著與他們敦睦情誼。

　　3. **我高度重視和我一起共事的人**。人們信任領導者是一件很棒的事；更棒的是領導者也信任部屬。

　　4. **我把信用列在領導清單首位**。我可能不是一直都能勝任所有職務，事實上每個領導者都會有力不從心的時候，但我總是盡力贏得員工信任。

　　5. **我認為我的心理健康能為人們打造一個有安全感的環境**。因此我會積極思考，以正確的行為待人，並遵循「你要別人怎麼對你，你也要怎麼待人」的「黃金法則」。

6. **我維持虛心受教的精神，也持續培養我對個人成長的熱情**。我要學習不輟，以便持續領導。如果我不斷成長，絕不會成爲阻擋部屬發揮潛力的「蓋子」。

流失頂尖人才是組織發展最不樂見的事，當那樣的情況發生時，別怪公司、競爭激烈、市況不佳或經濟不振，該怪的是領導者。絕對不要忘記，辭職的人想離開的是人，不是公司。如果你想留住最優秀的人才，並且幫助組織完成使命，那就勉力成爲更好的領導者吧。

辭職的人想離開的是人，不是公司

應用練習

1. **你的人可以仰賴你嗎**？無論在任何情況或環境下，你都是可以讓部屬信任的人嗎？請根據曼徹斯特顧問公司的研究發現，回答下列問題：

- 我言行不一嗎？
- 我將個人利益置於團體利益之上嗎？
- 我隱瞞資訊嗎？
- 我說謊或說話避重就輕嗎？
- 我心胸狹窄嗎？

如果以上任何一題你回答是，你的信用就有問題。開始力行下列事項修復：

- 保持清廉正直
- 公開溝通願景與價值觀
- 尊敬員工如同夥伴
- 將共同目標置於個人利益之上
- 置個人風險於一旁，做正確的事

搏取信任的過程不是一蹴可幾，但如果你貫徹這五件事，假以時日，你的人會開始信任你。

2. 你對部屬的態度如何？如果你是領導者，你如何看你的人？

- 他們是只需言聽計從的部下？
- 他們是可以被管理操縱的資源？
- 他們是你為求事業成功、非得容忍的必要之惡？
- 他們像你一樣，是珍貴且重要的夥伴？

如果你的態度屬於上列前三項的任一個，那不是成功領導者應有的態度。改變你的態度。學習了解你的部屬、他們做了什麼以及對團隊有何貢獻。

3. 你對部屬表達感激嗎？只在心裡高度重視部屬是不夠的，你還需要明白表達對他們的信任與賞識。這個星期開始，花些時間與他們個別聊聊，告訴他們為什麼你重視他們，並感謝他們的付出。

培養領導者小建議

與你指導的人坐下來，檢視他們的責任範圍內員工流動率的增減。你看到什麼模式？他們流失了什麼樣的人才？對此他們願意負多大的責任？要求他們詳述如何對員工表達重視、與別人培養互信，提升他們的能力，並發展個人的安全感。幫他們改善不足之處。

17 | 經驗不是
最好的老師

Experience is not the best teacher.

　　年輕領導者最感挫折的事，莫過於必須等待機會發光、發熱。領導者天生就沒有耐心，我也不例外。我在領導生涯前十年，聽過很多強調經驗很重要的論點，在第一份工作任職期間，人們不信任我的判斷，說我嘴上無毛、辦事不牢。我雖然備感挫折，卻可以理解他們的疑慮，因為我當時才二十二歲。

　　幾年後，人們開始注意到其實我有能力。第三年，一個規模較大的教會考慮請我當他們的領導者，那表示我將得到更高的名望及薪水。但我很快發現他們決定另請一位年長資深的領導者。再一次，雖然我很失望，但了解原因。

　　二十五歲時，我入圍教區理事會的成員，對此我感到相

● 為什麼經驗對某些領導者有幫助，卻對其他領導者沒有幫助？

當興奮，因為年輕人通常不在他們的考慮範圍內。投票結果揭曉，票數很接近，但我還是敗給教派中一位年高德劭的長者。

「別擔心，」人們告訴我：「你只需要多幾年經驗，有一天就會坐上那個位置。」

一次又一次，人們挑明了說我年紀輕、經驗少是敗筆，為此我願意努力爭取機會、學習更多經驗，並耐心等待時機到來。這些經驗豐富的人超越我，我會觀察他們的生活，嘗試向他們學習。我從旁留意他們的生活建立在什麼根基之上、他們認識哪些有影響力的人士、他們如何待人處事。有時我學到很多，但更多時候我很失望。許多人身經百戰，卻沒有從經驗學到智慧與技巧。

那使我想知道：為什麼經驗對某些領導者有幫助，卻對其他領導者沒有幫助？漸漸地，我的疑惑開始消散，我發現過去所受的教育不是真的，經驗並不是最好的老師！有些人在經驗中學習成長，但有些人學不到。每個人都有相似的經驗，如何處理那個經驗才是重點。

經驗如何在你身上烙下痕跡？

我們的人生一開始像空白筆記本，每天我們都有機會在紙上記下嶄新的經驗。隨著一頁記錄完再翻到下一頁，我們學到更多的知識與領悟。理想而言，我們一面進步，筆記本

也會填滿註釋與觀察，但問題是，並非所有人都充分利用他們的筆記本。

　　有些人大半輩子似乎都把筆記本闔上，極少記下任何東西；其他人則逐頁填滿，但從不花時間回顧，從中汲取更大的智慧與領悟。僅僅極少數人不但記錄他們人生的經歷，也來回思忖其中的意涵，一讀再讀。反省足以把經驗化為洞見，如此他們不僅得到經驗，更從中學到教訓。他們明白，如果把筆記本當做學習工具，而不只是行事曆，那麼時間對他們有利。他們也深知一個祕密：經驗沒教會他們什麼道理，但評估過的經驗可讓他們學到許多。

從經驗中獲益

　　你認識空有知識卻領悟不足的人嗎？他們可能很有辦法，卻不明白一些事情的真義。即使他們深諳許多技術訣竅，對技術的原理卻不明究理。這些人的問題是什麼？他們對生活經驗毫無反省與評估能力，就算活了二十五年，也沒有學到二十五年經驗；倒不如說他們重複學了二十五次一年的經驗！

　　如果你想從經驗中學到更聰明、更高效能領導的方法，下列事項與經驗有關，你應該知道：

1. 我們理解的一切不及我們經歷的一切

美國職棒波士頓紅襪隊第一位黑人投手威爾森（Earl Wilson）打趣說：「當你第二次犯一樣的錯，經驗使你一眼就認得出它。」讓我們面對現實吧，我們都會犯錯。我們生命中太多事發生，沒有人能理解全部，無論我們多聰明，理解力永遠趕不上經驗。

所以該怎麼做呢？盡可能善用我們能理解的事物。我採雙管齊下。首先，在一天結束之際，我試著問自己：「我今天學了什麼？」那促使我翻開當天的筆記本來「複習那一頁」。其次，在每年的最後一週，我花時間回顧過去十二個月以來的經驗，包含成功與失敗；已完成的目標與尚未實現的夢想；成功建立的人際關係與已失去的人際關係。我試著用這個方法縮小經歷與理解之間的鴻溝。

2. 對意外及不愉快經驗的態度決定我們的成長

澳洲S4領導力網絡的負責人潘尼（Steve Penny）觀察到：「生命充滿無法預見的蜿蜒道路，而計畫總是趕不上變化。學著把兜圈子當成找樂子，就想成是一趟特別的遠足與學習之旅。別把它們當敵人，否則你永遠不知道繞這麼一大圈目的何在。享受當下吧，很快你就會回到原路。經過這一趟，也許你會更睿智、更強壯。」

我得承認，對人生旅途中偶遇的迂迴小徑保持正面態

度，會是一場長期抗戰，我寧可開上筆直的高速公路，也不願走風景優美的曲折小路。只要我發現已經在繞遠路，我就開始找最近的出口，一點都不想享受這個過程。我知道，對寫下《轉敗為勝》（*Failing Forward*）的傢伙（編註：即本書作者）而言，這種心態是一大諷刺。我在那本書裡寫到，庸人與能人的差別就在於他們對失敗的看法及反應。僅僅因為我知道某件事是真的並努力實踐，不表示那件事很容易。

2005 年，我的摯友瑞克・高德（Rick Goad）被診斷出罹患了胰臟癌。整整一年，我伴他同行在這條疾病鋪成的崎嶇道路上，其間每個星期，他都經歷了希望和懼怕、提出問題並發現答案、忍受挫折與獲知各種可能性。他忍受了許多大起大落。

這個經驗是瑞克始料未及的，因為他還很年輕，僅僅四十來歲。在這整段磨難中，我一路看著他珍惜每一天、欣賞每一刻、看到黑暗中透出一線光明、他如何愛他的朋友，並且花時間與上帝相處。

他數次對我說：「約翰，我不會為自己的人生選擇這條道路，但這是千金難買的。」

瑞克的旅程止於 2006 年，他終於撒手人寰。那真是令人心碎，但在困難的時節裡，瑞克教我及他身邊每個人很多東西。僅僅是看著他，我們就學到如何好好活著。

3. 經驗不足的代價高昂

我年屆六十，回顧年輕歲月時，當時的天真讓我忍不住捏把冷汗。在我的經驗工具箱裡只有一樣東西：一把鎚子。如果你有的只是一把鎚子，每樣東西看起來都像釘子。所以我除了窮敲猛打，還是窮敲猛打，甚至打了許多場不該打的仗，還熱心地把人帶進死胡同。我胸懷只有初生之犢才會有的信心，卻對自己的淺薄一無所知。

美國作家高登（Harry Golden）評論過：「年輕人的傲慢直接導因於輕忽後果。火雞每天貪婪地靠近撒穀子的農夫，牠沒有犯什麼錯，只是沒人告訴牠感恩節的事。」[20] 我還是年輕領導者時，曾犯下很多錯誤，但我很幸運，沒有釀出大禍，災情多半是傷害自己，我領導的組織並未因我缺乏經驗蒙受損失。

4. 經驗的代價並不便宜

經驗不足也許代價高昂，但經驗豐富亦然。你若不付代價就一無所獲，這是事實。偉大的美國小說家馬克吐溫曾說：「我認識一個人，他抓過貓尾巴。比起沒做過這件事的人，他多認識貓40%。」 你最好盼望代價不會高於經驗代表的價值，但有時甚至你得經歷過後才能判斷代價有多高。

前世界展望會總裁殷思重（Ted W. Engstrom）曾說過一個故事，關於銀行董事會選了一個聰明又有魅力的年輕人，

● 汲取經驗可能代價高昂，但不能學到經驗的代價更高。

接替即將退休的董事長。年輕人有一天去向老人求教。對話
這麼開始：

「先生，我得具備什麼必要條件，才能成功接替您成為
這家銀行的董事長？」

這個令人生畏的老先生回答：「有能力做決定、做決
定、做決定。」

「我要如何學會做決定呢？」年輕人問道。

「經驗、經驗、經驗。」即將退休的董事長回答。

「但是我要怎麼獲得經驗呢？」

老人看著他說：「壞決定、壞決定、壞決定。」

正如古諺所說：經驗先試驗你，再給你教訓。汲取經驗
可能代價高昂，但不能學到經驗的代價更高。

5. 不評估經驗、從中學習，代價更驚人

為經驗付出代價卻沒學到教訓，這是很可怕的事，卻常
常發生在人們身上。為什麼？因為當經驗是負面的，人們通
常避之唯恐不及，馬上就說：「我再也不那麼做了！」

關於這一點，馬克吐溫也有些看法。他觀察到：「如果
一隻貓坐到熱爐子上，那隻貓再也不會去坐那個熱爐子。事
實上，那隻貓也不會坐到冷爐子上。」貓的心智能力無法評
估經驗並從中學到教訓，牠最多只能憑直覺求生存。如果我
們想要擷取智慧，改進領導能力，不能只憑直覺。我們得留
心《今日美國報》創辦人紐哈斯（Allen Neuharth）所說：

「不要只從每段經驗學到東西，要學些正面的東西。」

6. 評估過經驗並學到教訓的人才能出眾

能養成反省自身經驗、評估對錯的習慣並從中學到教訓的人很罕見，但當你遇到這樣的人，你就是能辨認出來。有個寓言講到一隻狐狸、一匹狼和一頭熊。有一天他們一起去打獵，牠們各抓到一隻鹿後，開始討論如何分配戰利品。

熊問狼覺得應該怎麼做，狼說他們都該各自分到一隻鹿。一眨眼，熊就把狼吞下肚了。

接著熊問狐狸打算怎麼瓜分獵物，狐狸將牠的鹿獻給熊，並說熊也該拿走狼的鹿。

「你從哪兒學到這樣的智慧？」熊問道。

「從狼的身上。」狐狸回答。

美國最高法院大法官荷姆斯（Oliver Wendell Holmes）說：「年輕人知道規則，但老年人了解例外。」但唯有老年人花時間評估過經驗並從中得到智慧，這話才是真確的。

人生這所學校提供許多艱難的課程，有些課是我們自願報名參加，有些課卻是在毫無預警情況下，發現自己已置身其中。所有課程都能教我們寶貴的經驗，只要我們全心學習並願意反省。如果你是抱持這個心態，結果會是什麼？你可能成為已故英國詩人吉卜林（Rudyard Kipling）的作品「如果」（If）中的例子：

如果當所有人都失去理智埋怨你，
你仍冷靜如斯。
當所有人都懷疑你，你不但自信如斯，
還原諒他們背叛了對你的信任。
如果你能等待並安於靜靜等待，
即使遭人欺騙，也不欺騙別人，
即使受憎恨也不懷半點怨恨，
就算你形象已被摧毀，你所談似乎也不顯睿智：

如果你能作夢，但不讓夢境主宰你，
如果你能思考，但不強求實現你的想法，
如果你尚能面對「成功」和「挫敗」，
還對這兩種虛妄都用同樣心情處之。
如果你能忍受你曾堅持的信仰，
被無賴者扭曲成愚弄人的陷阱，
或眼看你窮其一生所成就的被毀滅，
然後卑屈地以殘破的工具企圖把它重建：

如果你把你贏得的榮耀堆成一疊，
孤注一擲地押出去，
然後輸了，並重頭再來，
但從不埋怨這失敗。
如果你的心力早已衰竭，

你仍能迫使僅餘的心力為你效力，
當你心中除了呼喊「絕不放手」的意志外一無所有，
你仍堅持下去。

如果你能感召群眾而仍保持著德行，
或與王者同行而仍平易近人，
如果敵或友都再無法傷害你，
如果所有人都恰如其份地信賴你，
如果你能用盡六十秒的狂奔，
去填充那無情的每一分鐘，
這個世界及其一切都將是屬於你的
如此，我兒，你將是個人中之人。

你不僅會成為正直有智慧的人，也會造福你帶領的人，
因為你將變成更好的領導者。

經驗不是最好的老師

應用練習

1. **你多常停下來反省過往經驗**？大部分我認識的領導者總是很忙，結果是極少花時間停下來反省當天或那一週的經驗。你會撥出一段時間評估過往經驗並從中學習嗎？如果你不刻意去做，很可能無法從經驗中獲益，也就是可能重複學了二十五次一年的經驗，而非活二十五年就學二十五年經驗。計畫在每天結束前花十五分鐘，或每個星期花一個小時，反省你的經驗並從中學習。

2. **如何記錄你所學的內容**？我想有時候人們讀著我的口號或聲明時，像第十五章所說的「如果我有求於人，我就不能帶領他們」，會認為那是為了寫書而想出來的。但事實並非如此。每一個陳述、聲明或口號都深植於生命中的省思時刻，那是我從年輕時就養成的作法。

當生命給你上了一課，你如何記錄下來？你只是試著記在腦子裡，然後期望從此會更好？這不是很可靠的運作系統。開始養成寫下人生課程的習慣，你可以記在一本札記裡；寫在索引卡上然後歸檔；你也可以打成文件，存在電腦硬碟中。不管怎麼做，只要確定你捕捉到精髓！如果你能想到有創意又朗朗上口的記憶方式，不但方便自己回想，也更能廣傳他人分享。

3. **你如何評估過去一年的經驗**？你是否花時間反省去年的事？若沒有，可計畫這麼做。闢出一整天或更長的時間，檢視去年的行事曆，仔細反省你的經驗。想想所發生最好和最壞的事，那是最有可能讓你學到智慧的經驗，然後花時間寫下你學到的內容。

培養領導者小建議

要求你指導的人每週訂出一個反省時刻，評估他們過往的經驗。選定一段時間，請他們每個月跟你見面，或寄發電子郵件給你，說明他們學到的重點。一旦你發現他們已養成反省的習慣，就可以降低接觸的頻率。

18 | 會議成效良好的祕訣是會前會

The secret to a good meeting is
the meeting before the meeting.

你對開會有什麼感覺？如果你和大部分領導者一樣，開會就不會是你的最愛。我知道對我來說是如此。我和多數領導者大同小異，重視行動、進展與結果，但你參加的會議裡有幾個人具備這些特質？多數會議的生產力就像動物園裡的熊貓交配，眾人對牠們殷殷期盼，結果卻通常讓人大失所望。正如已故經濟學家高伯瑞（John Kenneth Galbraith）所觀察：「當你什麼事都不想做時，會議不可或缺。」

我很喜歡一個故事，講到管理階層把下列標語貼在會議室牆上，想要鼓舞與會者：

才智無法取代資訊。

熱情無法取代能力。

意願無法取代經驗。

但是在某人貼上自己的想法後,他們很快就把上述標語拆下來。這個新的標語是:

會議無法取代進步。

常常開會的人都知道,幾分鐘就可以開完的會議,往往得浪費好幾個小時,而且只要會議結論是必須再開一個會,你就知道麻煩大了。

有些我們自己籌畫主持的會議也好不到哪裡去。你是否計畫過一個會議,卻遭受邀的與會者暗算?那曾發生在我職涯早期。我這個年輕的領導者帶著一份計畫書及議程表,走進由我主持的第一場理事會,僅僅39秒,真正的領導者就全面接手會議,把我們帶往他要談的方向。

在我領導生涯開始前幾年,我常自覺像電視劇裡的派爾(Gomer Pyle)。你記得他嗎?曾出現在安迪格里菲斯秀(The Andy Griffith Show),後來又主演派爾續集(Gomer Pyle, U.S.M.C)。可憐的派爾總是在狀況外,當意想不到的事情發生時,他只有兩種作法,不是眼睛暴睜,大呼小叫著:「哇,天──啊!」就是咧嘴大笑,像公雞報時似地喊:「意──外,意──外,意──外!」我不知道你怎麼

● 開會是爲了把事情做完！

想，但我可不想成爲派爾型的領導者！

有些人在開會時遇到棘手問題時會刻意有驚人的言行，但如果領導者這麼做，與會者會反過來讓領導者大吃一驚，其他人則是變得冷嘲熱諷。在參加不同的委員會、也開過許多會之後，查普曼（Harry Chapman）寫下一張規則清單，幫助自己處理開會這個議題：

- 絕對不要準時：那表示你是新手。
- 散會後才說話：那表示你有智慧。
- 發言盡可能模糊：那可避免刺激別人。
- 若感到不確定，建議成立小組委員會。
- 第一個提議休會：這會讓你廣受歡迎，因爲每個人都等不及要離席。[21]

還是會有人完全放棄，對開會避之唯恐不及，但那不是最好的解決方案。當然你不想爲開會而開會，但有時候總是得與人共同決議事情，在這些時候，會議的重點是完成某件事。想成爲好領導者，你一定得學到開會要有效率。

開個好會的祕訣

由於會議帶給我挫折，尤其是「正式」的董事會議，因此我決定請教經驗老到的導師歐藍・漢卓克斯（Olan

● 會議失敗通常有兩個原因：（1）領導者沒有清楚的議程；（2）
與會者有自己的議程。

Hendrix）牧師，請他給我一些忠告。共進午餐時我告訴
他：「主持會議讓我感到很挫折。沒有任何產出，有時候人
們也不合作，而且會議拖得太長了。我該怎麼做才能讓會議
更有效率呢？」

歐藍解釋，會議失敗通常有兩個原因：

1. 領導者沒有清楚的議程。
2. 與會者有自己的議程。

兩者都會導致出乎意料的結果。「約翰，還有一件事，」
歐藍總結：「沒人喜歡意外的驚奇，除非是過生日。」

「這樣的話，我該怎麼做？」我問道。

「噢，那很簡單，」他回答：「開個會前會。」

歐藍繼續解釋，不管大小會議，我都得知道誰是關鍵人
物，事先跟他們（個人或小團體）開個會，確定雙方達成共
識，等到正式開會時，就可以進展得很順利了。這真是令我
豁然開朗！

許多人誤解開會的目的，我想我們大多認為開會是為了
節省時間，只要把一票人拉進會議室，一次完整傳達資訊就
好了。這是錯誤的認知，開會是為了把事情做完！為此，你
必須常常開會前會，幫所有人做好開會的準備。以下是我建
議這麼做的理由：

會前會幫你先取得同意

大多數人對不感興趣的事提不起勁，那只是人性；但當他們知道內情，態度會正面多了。當你語出驚人，他們的第一個反應通常是負面的，而如果你對一個團體丟出一顆震撼彈時，其中最直言不諱、影響力最大的那個人會反應不佳，整個團體都可能趨向反對，那將使會議偏離主題，或甚至戛然而止。這就是為什麼你會希望，這些大聲又有影響力的人在會議前先買你的帳。

會前會幫助跟隨者明察事理

人們會看到什麼，取決於他們從哪個角度看，那當然是從自己的觀點出發，而非從別人的角度，包括你的。身為領導者，你得幫助跟隨者像你一樣看事情，這需要花時間與心思。

你不可能縮短這個過程，期待人們從你的角度看事情。領導者以主管身分要求部屬「必須」聽從他們的建議，這種手段是行不通的。不要嚇你的人，也別期望他們在百忙中還能注意到每一件事，如果你這麼做，你的人很可能最終會堅持拒絕讓步，且不願意前進。開會前，先讓有影響力的人接受正確的觀點，他們會幫你傳達給每一個人。

會前會幫你提升影響力

　　領導力就是影響力，別無其他。你如何贏得對人們的影響力？在他們身上投資。那又該怎麼投資？從給他們時間開始。如果你唯一可以花的時間只有開會時段，而且會議中你還要求他們依你的議程處理公事，這情況傳遞了什麼訊息？那表示你根本無法與人們建立正面關係。他們不覺得受到重視。這結果既無益於他們，也無助於提升你的影響力。

會前會幫你培養信任

　　領導者最艱難的責任之一就是擔任組織的改革者，產生改變需要你的人信任你。你在開會前會時，就有機會培養那份信任。你可以回答問題，也可以輕而易舉地分享你的動機，更可以提及你不想在公開場合深入討論的細節。最重要的是，你可以就溝通對象適度修改訊息。

會前會讓你避免措手不及的狀況

　　好的領導者通常很容易進入狀況、有很強的領導直覺、與他們的人關係良好，通常也善於處理抽象事務，像是員工士氣、工作氛圍、企業文化等。但就算是最優秀的領導者也有不足之處，有時在會前會的談話中，對方可以給他們一些訊息或洞見，幫助他們避免犯下領導上的大錯。

　　歐藍既幫我了解會前會的重要性，也同時解釋了架構正式會議的最佳方案，可以循序漸進又極富成效。他建議我在準備階段就把議程分爲下列三類：

- **資訊類**：在議程的第一部分，我的工作是花幾分鐘傳達訊息，讓與會者知道上次正式會議後，組織裡發生什麼事。這部分不需討論或評語。
- **研究類**：議程的第二部分包含需要開誠佈公討論的議題，然而，這時還不需做決定或投票表決。討論完畢之前，要決定這些事項是否該列入下次會議的最後一個類別。
- **行動類**：最後這部分包含必須做決定的事項，只有上一次議程裡的研究項目才夠格放進此類，而且一定要完善處理後才可以列入議程。

　　歐藍的系統令人耳目一新，不只提供常規，讓我得以循序漸進，而且如果做得正確，每一次會議都可爲下一次會議做好準備。

我的領導力靠會前會

　　經過歐藍指點會前會的重要性，我立刻開始練習使用，領導效能改變極大。當我 1972 年成爲位於俄亥俄州蘭卡斯

特市的信心紀念教會（Faith Memorial Church）主任牧師時，說我的領導力取決於會前會一點也不為過。

前任教會領導者辭職的原因是跟吉姆交惡，他是理事會主席，也是信徒領袖。我在接下這份工作時就明白，與這位重量級人物的關係決定我的領導能否成功。

我在走馬上任第一天就約吉姆見個面。我將議程分為兩部分：踏出和他建立良好關係的第一步，以及請他表態支持。席間我們聊了許多事，幸運的是，我成功說服了他。我承諾他每個月的理事會前都與他見面。

「絕對不會有祕密或驚奇，」我保證：「在我向理事會提出任何事之前，一定先知會你。」

那天吉姆同意跟我合作，我也信守諾言，此後八年，我每個月都與他開會前會。我們一起討論完所有的議題，直到取得共識，足以向理事會建議一連串的行動方案。他的支持是我領導成功的關鍵，不只因為他是我初到組織時最有影響力的人，也因為他熟知組織的歷史、所有人事，更摸清了每個人的地雷區。我主導的理事會很有效率，全因事先跟吉姆開過會。

誰來開會

開會前會的用意，比在理事會前跟團體中影響力最大的人坐下來聊聊，涵義還要更廣。在我的職涯中，我投注很多

● 計畫愈大，會前會的過程就愈長，就好像飛機起飛一樣，飛機
　愈大，跑道就愈長。

時間帶領義工組織，在那裡領導者不能用薪水制衡他人，也
不能威脅開除人。義工心悅誠服，才會自願跟隨。結果是義
工領導者得不斷地跟其他人取得共識。

　　每次我籌畫重要改變或克服巨大挑戰前，都先開會前會
來贏得認可。例如說，如果我想做一個可能衝擊整個組織的
重大變革，我會最先找像吉姆這樣的人開個會前會，之後開
理事會。

　　下一個團體就是組織裡的高階領導者。同樣地，在此之
前，我會與其中一、兩位關鍵人物（有時一起、有時個別）
開會前會。到這個階段為止，我還不打算召開全組織大會，
因為還有一個會要開。接下來是跟組織中影響力最大的人士
（前20%），也就是那些在組織中辦事最力且最能影響多數人
的推動者。唯有在這個會議之後，他們已充分處理資訊而且
表示認可，我才會召開全體大會。

　　計畫愈大，或對組織的改變愈多，會前會的過程就愈
長，就好像飛機起飛一樣，飛機愈大，跑道就愈長。要發表
偉大的想法或造成可觀的改變，需要花較長的時間。

　　如果你是主導會議的人，我建議你採納下列的意見：

- 如果你無法開會前會，就別開會。
- 如果你開了會前會，卻成效不彰，就別開會。
- 如果你開了會前會，成效一如預期，就開會吧！

　　想要完成愉快又有效的會議，事前準備與縝密計畫攸關重大，正如我一個很棒的朋友施密特（Wayne Schmidt）有一次對我說：「事前做好計畫的代價永遠比事後做好反應來得低。」

　　好的開始是成功的一半。你在會前準備得愈完善，花在善後的時間就愈少。好的起步使領導者不需要收拾殘局。

　　我帶領義工的二十六年間，所有我帶領的組織都是教會組織，那表示所有重要決定非得全教會會眾同意才算正式通過。（你能想像在商界也如此嗎？）在我的職涯中，那表示我們必須處理很多不同議題，小自輕鬆的決定，大至通過3,500萬美元的遷址預算。那麼多年來，在我的領導下，最低的得票率是83%，這在所有教會裡是很出色的紀錄。為什麼我的領導如此成功？因為當我還是年輕領導者時，就聽從歐藍‧漢卓克斯的話，並持續養成開會前會的習慣。歐藍的忠告也能造福你。

會議成效良好的祕訣是會前會

應用練習

1. **你的會議架構完善嗎**？許多領導者沒有為會議擬定架構。結果是他們的會議往往失控。你如何架構你的會議？你是否擬妥計畫，要在會後獲得最好的結果？如果還沒這麼做，可以試用本章列出的模式：資訊類、研究類及行動類。

2. **你與重量級人士保持聯繫嗎**？在你主持的重要會議裡，誰是影響力最大的人？你跟這個人的聯繫暢通嗎？你在會議以外的時間跟他相處過嗎？若還沒，開始試著跟他來個會前會。你不需要像我對吉姆一樣提出承諾，可能只需說：「嗨，我們可以見個面嗎？我想跟你討論一些想法。」

如果你從不曾與這樣的關鍵人物建立關係，或是你過去曾與他們有過衝突，可能得花長一點時間多開幾次會，才能夠讓他們願意分享意見。努力開誠佈公地討論與凝聚共識。

3. **你對下一個重大改變的計畫是什麼**？如果你負責在組織或部門主動發起一些行動，你承擔不起未經會前會充分討論就直接施行政策的後果。依影響力的程度規畫與會者層級：

- 從會影響高階領導者的人開始。

- 然後跟高階領導者會面。
- 然後跟部門或組織中影響力前 20% 的人士會面。
- 然後跟全體部門或組織開會。

　　一定要將上述的會前會當做準備工作的一部分，並且要按部就班循序完成。

培養領導者小建議

與你指導的人討論他們如何準備會議，及他們如何幫部屬理解並接受決策與資訊。選一件即將交付決定的事項，與他們徹底地談，幫他們釐清需要開什麼會前會，並找到正確的對象。

19 | 做個連結者，
不要只做攀爬者

Be a connector, not just a climber.

　　我在職涯剛起步時，認為領導就像一場競賽，目標是證明自己的能力並提升職位。我努力工作，每年在年度報告送達時，迫不及待想知道我們教派中每一位領導者的考績。我會拿自己的分數跟每一位比，還會畫圖標示進步幅度，再看看我贏過誰，並注意排在我前面幾名的領導者。每一年我都慢慢往頂端移動，那讓我滿意極了，因為我一直在向上爬！

　　然而，這想法有很嚴重的問題，因為我在兩個錯誤觀念下工作：首先，我認為領導這個頭銜使我成為領導者；其次，我認為爬上領導階梯的重要性優先於與人連結、建立好關係。根本問題是我不明白一個道理，也就是領導雖然和位階有關，也和人際互動密切相關。

在我帶領的第一場理事會上，警鐘第一次響起。我有「權力」當個主導者，但缺乏那層關係。與會群眾禮貌地聽我講話，但沒有跟隨我，而是跟隨克勞德，他是個農夫，早在我出生前就是教會的一份子。

一開始看到群眾跟隨的基礎是關係而非位階，我頗感到挫折。我花了近十年才明白，人們不在乎你懂多少，除非他們知道你有多關心他們。我真希望有人早點告訴我這個道理，不過也許他們說了，但我當時太忙著出人頭地，什麼也沒聽進去。結果是，我沒有與群眾連結。

我並不是全然否定人往高處爬這件事，停滯在學習高原期根本無法進步。領導者的天性就是要向上爬，因為他們積極進取、採取主動、比別人早一步看到機會，並大膽追尋。大部分領導者競爭心強，攻頂是他們DNA的一部分。對領導者提出的問題不應該是：「你該試著攻頂嗎？」而是「你該如何攻頂？」但如果攻頂過程中不與群眾心手相連，充其量我們只是帶人，卻無法帶心；最壞的情況則是我們的領導力被侵蝕，甚至最後僅是曇花一現。你曾超越的人將伺機把你拉下來。

態度轉變

多年來我看過許多一心往上爬卻不與人連結的年輕領導者。他們看領導的位階優先於人際關係，像是在玩一種小孩

● 很多年輕領導者初接手時，不明白領導遊戲有許多玩法。

子的遊戲「山丘之王」，比賽看誰能把別人都推倒，最後只有他一個人站在最高處。我想很多年輕領導者初接手時，不明白領導遊戲有許多玩法，面臨人生的關鍵時刻時，領導者將做出抉擇。究竟是要不惜一切代價加入競賽奮力超越別人，以確定自己可以登頂？還是與群眾連結，盡可能地幫助別人？

我猶記得面對這種抉擇的情景。在我第一任牧師職位早期，我想教導會眾如何管理他們的時間、才能與財務，做個好「管家」。我知道這種資源管理工作很重要，但由於我經驗不足，找不到可用的資源來助我一臂之力。我去印地安納州貝佛市一家書店尋找材料，依然什麼也沒找到。在開車回家的路上，我知道若不是選擇放棄，就是得嘗試自己開發一些資料。我明白那會是非常艱難又耗時的工作，但我願意試一試。

我花了幾個月從零開始準備上課所需的資料，經過長期準備，開辦了第一場「管家月」活動。讓我雀躍萬分的是，結果非常圓滿成功！我們教會的出席人數成長了、奉獻增加了，人們也開始自告奮勇擔任義工。那次活動對我們那個小教會是個成功蛻變的經驗，也開創如虹的氣勢。上教會的人數激增，這結果充分反映在年度報告裡。

我們教會裡有好戲熱鬧上演的話很快就傳開了，不久其他教會的領導者就上門求教。那一刻我進退兩難。我該怎麼做才對？是該藏私，不與他們分享嗎？那樣的話，我就能享

盡優勢，爬在領導者階梯上超越很多人。還是我該傾囊相授，讓大家都能成功？

我慚愧地承認當時內心掙扎很久才做出決定。我真的很想保有這份優勢，繼續往上爬，但我最後決定不要做守「才」奴。我選擇與其他領導者分享，然後開啓與人的連結。令我驚訝的是，幫助這些領導者教授他們的會眾學習管家工作後，我覺得很有成就感。往後二十四年，我都帶領會眾參加一年一度的管家月活動，每次結束後，也都會把課程分享給其他的領導者使用，最終我與全國各地的領導者都有了連結。有趣的是，當我保持一個與他人分享的心態時，事實上在全國管家工作的領域中，我的領導者名望節節上升。

這份願做連結者而不只是攀爬者的心意，還結了別的善果。1992 年其他教會領導者前來找我幫他們募款後，我開始了音久（INJOY）顧問公司。截至目前爲止，這家公司已幫全美三千五百多個教會募得三十多億美元！

你是哪一型的領導者？

大部分領導者天生不是攀爬者就是連結者。他們不是非常注重位階，就是非常在乎人際關係。你是哪一種領導者？看看攀爬者與連結者的區別：

● 連結者喜歡運用與他人的關係來促進合作，他們認爲同心協力就是一場勝利。

攀爬者縱向思考，連結者橫向思考

攀爬者總是敏銳地從身分地位或組織表上察覺誰在他前面、誰在他後面，他們就像當年的我，看報告是爲了要知道別人的位階落在哪裡。往上移動非常重要，光是想到往下跌就覺得很恐怖。相反地，連結者專注地朝群眾所在處移動，他們更常想到的是旅程中與誰同行，以及他們能夠如何並肩前進。

攀爬者注重地位，連結者注重關係

因爲攀爬者總想愈爬愈高，他們往往只注重自身地位；然而，連結者更注重人際關係。不像位階導向的人渴望爬上階梯高處，關係導向的人更重視搭建橋樑。

攀爬者重視競爭，連結者重視合作

攀爬者幾乎將萬事視爲競賽，對某些人而言，那表示不計一切代價爭取勝利；對其他一些人而言，則是把成功視爲愉快的遊戲。不論如何，兩者都希望最後可以登上頂峰。然而，連結者喜歡運用與他人的關係來促進合作，他們認爲同心協力就是一場勝利。

攀爬者尋求權力，連結者尋求夥伴情誼

如果你的心態是想一路贏到底，那麼你自然想獲取權

力，因為權力可以幫你爬得更快、更早登頂。然而，攀爬領導的階梯不完全是唱獨角戲。任何你自己能做的事，比不上你與團隊夥伴能達到的成就。打造高性能團隊的方法是建立夥伴關係，這也是連結者最可能做的事。

攀爬者建立個人形象，連結者建立共識

在階梯上的起落通常是依據別人對你表現的看法而定，因此攀爬者往往很在意他們的形象，他們下一次升遷可能得靠它。連結者則更在意凝結大家共識，這樣他們才可以一同努力。

攀爬者想要卓然獨立，連結者與人聯盟

攀爬者希望自己在組織中一枝獨秀，就像賽跑選手，他們想要拉大距離，把其他人甩在後頭。反過來說，連結者想辦法與人們接近，並找到可以一起站立的共同基地。

我可能有點貶損攀爬者，但其實我無意如此，畢竟我的天性也傾向攀爬者。但具備雙重特質的人才能領導成功。攀爬者通常在處理關係時遭到挑戰。根據《為什麼聰明人會失敗》（*Why Smart People Fail*）裡面的一項研究顯示，專業人士最大的問題與能力無關，但與他們的人際關係脫不了鉤。另一項調查則是請 2,000 位老闆回想最近開除三位員工的原因，三個老闆裡面有兩個人說是因為他們「跟別人處不

來」。

如果你爬高卻不對外連結，你可能會得到權力，但不會得到很多朋友。領導者的目標應該兩者皆是。所以如果你是攀爬者，你可能需要緩和一下好勝心，並放慢速度與他人建立關係。美國作家托賓（Judith Tobin）建議五個幫助你與人連結的特質：

- **欣賞能力**：可以容許人與人有差異，也把差異視為有趣的事。
- **敏感能力**：可以體會個人的感受，並快速調整以適應別人的情緒。
- **一致性**：具備保有真性情的特質，不虛假，只給予真心的稱讚。
- **安全感**：不用想當「領隊犬」，別人贏並不表示你輸。
- **幽默感**：一笑置之，不過度敏感。

相反地，如果你很會對外連結卻不渴望爬高，到頭來你可能會獲得很多朋友，但沒有權力可以真正成就任何事。如果你是個天生的連結者，努力增強活力，加重使命感與迫切感。最有效能的領導者總是能成功地平衡對外連結與向上爬高。

轉向連結的演變

如果你回顧管理與領導學說的歷史，會發現在過去一個世紀裡，領導圈重視的價值持續改變，而管理風向也頻頻更迭。領導風格從已故美國首富洛克菲勒與他成立的標準石油托拉斯（Standard Oil Trust），轉移為比爾‧蓋茲與他創辦的微軟世代。

過去一百年來，勞工為喜歡發號施令的創業家工作，那些領導者驕傲地發誓說自己沒有胃潰瘍，結果是讓他們的員工得胃潰瘍。他們是以威嚇、目標導向及股東干預來管理員工。

但近幾年來領導學開始向古老智慧的基本原則取經：尊重他人、培養互信、確認願景、聆聽群眾、感受環境以及勇敢行動。在西元前六世紀，中國聖賢老子曾勸告領導者要無我無私，才能無欲則剛；他也鼓勵領導者無為而治、心胸開放、虛心納言。他說：「最上等的國君治理天下是無為而治，所以人民都不知道國君的存在，反而說：『我們本來就是這樣』。」這樣的領導心態需要更純熟的人際關係手法。

領導生涯一路走來，我從攀爬者變為連結者，但我一點都不後悔。我可以用以下說法總結我想法的演進歷程：

我要贏。
我要贏，你也可以贏。

● 即使功敗垂成，至少一路上也交到朋友，那不但使整段旅程更
　愉快，也爲你將來的成功鋪路。

　　我要跟你一起贏。
　　我要你贏，而且我也會贏。

　　成功稍縱即逝，關係卻是綿長久遠的。如果你採用連結
者的領導方式，成功的機會大得多，因爲沒有人能單打獨鬥
成就大事；即使你功敗垂成，至少一路上也交到朋友，那不
但使整段旅程更愉快，也爲你將來的成功鋪路。你永遠無法
預知，當你在領導之路力爭上游時，你和這些朋友可能給彼
此多少幫助。

做個連結者，不要只做攀爬者

應用練習

1. **你天生傾向哪一型**？你是連結者還是攀爬者？用本章的指南幫你認出你的天性。在最能貼切描述你的短句旁打勾。

攀爬者	連結者
縱向思考	橫向思考
注重地位	注重關係
重視競爭	重視合作
尋求權力	尋求夥伴情誼
建立個人形象	建立共識
想要卓然獨立	想與人聯盟

2. **你如何做個更好的攀爬者**？如果你天生是攀爬者，可能需要更多對外連結。試試看下列的事：

■ 行經走道時放緩腳步。每天花些時間在辦公室裡到處走走，促進人際關係。

■ 提醒自己群眾是人，而不是可利用的資源。領導者有時不把別人當一回事，只視為任務的一部分。去認識你帶領的人並嘗試從他們的角度看事情。

- 把別人放在你前頭。攀爬者容易有唯我獨先的心態。每天嘗試從小處著手，把別人放在你前頭。
- 暫時拋開你的行程表。領導者都有行程表，記著要去的地方、要見的人和要做的事。稍微注意，一天中找個時段將行程表擱在一旁十五分鐘，來個一對一交流。
- 將聚光燈打在別人身上。一個幫你吸收觀點的方式就是把讚美與功勞歸給別人。每天至少做一次。

3. **你如何做個更好的連結者**？古希臘歷史學家希羅多德（Herodotus）說：「人類最可恨的不幸，就是成為智者卻毫無影響力。」如果你擁有與別人連結的能力，卻沒有影響力，可能就糟蹋了你的潛力。試做下列事情提升你的攀爬力：

- 定義你的目標。用些時間從策略層面專心研究領導公式，想想你為什麼領導，想通後朝目標前進。
- 磨銳你的焦點。有些領導者以人為本，反而容易分散焦點，如果那是你的最佳寫照，闢出一段不容打斷的時間，暫停與他人互動，把事情做完。
- 加快腳步。既然領導者常需要放慢速度與人連結，你可能會習於悠哉地工作。你必須鞭策自己加快腳步。

培養領導者小建議

幫助你指導的人認清他們天生傾向是屬於攀爬者或連結者，與他們一起完成本章節的應用練習，找出他們的類型。注意他們與別人互動的狀況，適時指點，幫他們加強不足之處。

20 | 你做的抉擇，
造就了你

The choices you make, make you.

　　我們的團隊正要結束爲期一週的巡迴書展，預備降落在亞特蘭大市。我們七天內行經二十個城市，終於要回家了，眞好！

　　當小型私人噴射機低飛駛近跑道時，我們正慶祝這一週的成功。然後霎那間，一切都改變了。一陣風切擊中飛機，機身筆直往跑道摔去，輪子也撞得失去了平衡。所有談話突然中斷，當我們了解身處險境時，不禁瞠目結舌。飛行員毫不遲疑地推進油門，將飛機拉回空中。在那千鈞一髮之際，我們的心情從慶祝轉爲嚴肅反思。我們都明白，剛剛差點就完蛋了！我們安靜坐著等候，飛機在機場上空盤旋幾分鐘後，平安地降落。

　　我們全體鼓掌表達感激，開始放鬆，大吐一口氣。下飛機時，我們感謝機長守住最後一刻的安全。我對他說：「真是驚險萬分啊。你的危機應變真是迅速。你是什麼時候決定把飛機拉回空中的？」

　　他的回答嚇我一跳：「十五年前。」

　　他接著解釋，在他還是個受訓的年輕飛行員時，就事先決定好往後對每種可能的飛行問題該如何反應。他說：「早在危機發生前，我已做好抉擇。」

　　在我的書《贏在今天》裡，我寫到：「成功者早早做好決定，並天天處理這些決定。」因為這個飛行員十五年前就打定主意，無論如何要把飛機升回空中，所以他跟我們在一起那天，只要執行先前的決定就好了。正如英國神學家李騰（H.P. Liddon）觀察到的：「我們在重要關頭採取的行動，可能跟我們是什麼樣的人息息相關；而我們是什麼樣的人，則是多年來自我訓練的結果。」我為飛行員那天展現的訓練成果心懷感恩。

選擇在你手上

　　或許做抉擇的力量是生命中最大的力量，毫無疑問，抉擇是我們生命結果如何的重要因素。我常常聽見籃球界的傳奇教練約翰·伍登說：「你做每件事之前都必須先做抉擇。所以要切記，你所做的抉擇，最終造就了你。」有些人因為

●「是我們所做的選擇、而不是我們的能力，證明了我們是誰。」
　——羅琳

做錯決定，活得辛苦；其他人生活簡單平順，因爲他們做了好的抉擇。無論一個人選擇走什麼路，我知道的是：我們不一定有求必得，但總會得到我們所選的。

有一次我與伍登教練聊天時，問他關於做決策及事後懊悔的事。對此，這位九十六歲的傳奇人物坐在他的椅子上沉吟片刻，然後俯身向前說：「約翰，我回顧一生，如果可以從頭來過，有些事我可能會採取不同作法。但必須做決定時，如果我做了可能是當時最好的抉擇，我就不後悔那個決定。」然後他下結論：「你一定要忠於自己。」

年屆六十，我回顧曾做過的抉擇，我相信我總是試著忠於自己。身爲領導者，我做過成千上萬個抉擇。那是所有領導者的共同點，而且不例外，我當然也做過一些壞的決定。但願我能回到過去，至少其中幾次可以重新做選擇，但當時我已竭盡所能做了最好的決定。如果你聽前職棒捕手、後來成爲教練的貝拉（Yogi Berra）忠告：「當你來到叉路口，就隨便走一條吧。」你就不可能成爲優秀的領導者。

當我回想起做過的一些艱難抉擇，我明白了三件事情：

1. 我的抉擇向我證明自己

以《哈利波特》系列聞名全球的英國女作家羅琳（J. K. Rowling）說：「是我們所做的選擇、而不是我們的能力，證明了我們是誰。」所言甚是。如果你想知道某個人是什麼樣的人，不要看他的履歷表，也不要聽他說什麼，只要注意

他做了什麼抉擇。

我可以說我有一些信念、可以自認擁有一些價值觀、可以刻意做出一些行動,但我的抉擇揭露了真正的我是什麼樣的人。你的抉擇也適用這個說法。

2. 許多抉擇並不容易

領導能力複雜難懂。以定義而言,只要你在前方開疆闢土,就是身處地圖上沒有標示的區域,因此沒有現成的路徑可循。那表示你必須一路都在做抉擇。

此外,如果你是領導者,賭注很高,你做的抉擇不僅衝擊你與家人,也影響其他許許多多的人。我常常希望當我在做領導的抉擇時,能像某次搭飛機的經驗,當時空服員問我要不要吃晚餐。

我問:「我有什麼選擇?」

她回答:「要或不要。」大部分領導必須做的抉擇卻不是那麼簡單。

3. 我做的抉擇改變了我

我很享受自由做決定的感覺,但做抉擇的那個人必須了解一件事,一旦抉擇了,你就受制於那個抉擇。或好或壞,你必須處理它的後果,那會影響你。

風靡全球的《納尼亞》童話系列作者魯益師(C. S. Lewis)觀察到:「每次你做了一個抉擇,等於把生命中樞

部分，也就是做決定的那個部分，變得跟先前有點不一樣。你一生做過的抉擇不勝枚舉，它們慢慢地把這個中樞部分改變成新的產物，若非像天堂般美好，就是像地獄般可怕。」為了這個緣故，我們每個人一定要憑智慧做抉擇。

三個抉擇

我已經辨認出三個支配我扮好領導者角色的關鍵抉擇，它們使我成為更好的領導者，我相信它們也能讓你進步：

抉擇 1：我給自己設定的標準比別人的要求高

現今有許多各行各業的人似乎沒有給自己訂定高標。舉例來說。兩個阮囊羞澀的業務員走進小鎮大街上一家破舊的餐廳。第一個人點了午餐配冰紅茶，第二個人也點冰紅茶，但附加一句：「我的杯子一定要絕對乾淨！」

幾分鐘後，侍者端著兩杯茶出現了。

「這是你們的飲料，」他說：「是哪一位說要乾淨杯子的？」

我為自己訂下的目標是：我給自己設定的標準比別人要求我的標準高，因為我深知，領導者必敗之道就是只做基本功。我已經研究領導四十年之久，我的觀察結論是，偉大的領導者從不自滿目前的表現。他們不但要求他們帶領的人，也不斷鞭策自己發揮潛力，而且他們對自己的期望遠比別人

● 領導的擔子無比沉重，其一便是在必要時刻做個不受歡迎的
人。

對他們的期望還要高。

見賢思齊，我試著給自己的生命採用同樣的高標準。為
什麼？這麼做肯定會創造更好的表現，但這不是主要原因，
而是因為最終我必須評斷成果，而且我想要對得起自己，我
所知道的唯一辦法就是將潛能發揮得淋漓盡致。美國職籃教
頭萊利（Pat Riley）觀察到：「不斷力求更好的表現才能漸
臻卓越。」

如果我專注追求卓越，並盡可能力行最高標準，我就會
不斷進步。不管別人是否知道，但我自己知道。當我忍不住
想鬆懈下來，就想起前加州大學洛杉磯分校籃球教練伍登的
勸言：「永遠不要嘗試比人強，但要做最好的你。」

抉擇 2 ：幫助別人比取悅他們更重要

決定力求卓越對我來說不算太難，因為父母從小就這麼
訓練我；反而我發現選擇幫助人比取悅他們難。我二者都想
做，而且在職涯早期，我常常選擇取悅別人甚過幫助他們。
但我很快就發現，有些人想要的東西根本派不上用場，卻對
真正有用的東西棄如敝履。總得有人告訴他們事實，這任務
通常落在領導者肩上。

領導的擔子無比沉重，其一便是在必要時刻做個不受歡
迎的人。得過普立茲獎的專欄作家喬治·威爾（George F.
Will）說：「撇開別的能力不談，領導力特別指自討苦吃卻
得以全身而退的能力……痛苦一時，卻能贏得一世。」因為

我發自內心關心人們，因此幫助他們的渴望最後勝過取悅他們的想法。

當我終於得出助人比取悅人重要這個結論，我花了點時間思索那對我的意義何在。幾經思考後，我寫下這些理由：

有些人會不高興，當我……
- 高舉組織的使命甚過他們的願望。
- 關注某些人多於他們。
- 推舉某些人超越過他們。
- 嘗試把他們帶離舒適區。
- 要求他們為團隊犧牲。
- 顧全大局超越他們的個人利益。
- 做出他們反對的決定。

我這個領導者每天都會惹一些人不高興，希望他們的不悅不會演變成我的個人失敗，而是歸因於我履行領導職責的結果。我一定要用正確態度對待那些氣我的人，他們有時可以質疑我的能力，但不曾質疑我的態度。在每一天結束前，我要知道我已向所有人付出最大的努力。

每一天我都決定以了解領導黑暗面的心情帶領群眾。我知道，好的領導者不乏批評，也會遭到誤解，但我依然選擇這個決定。

● 昨天在半夜就過完了。我把焦點放在當下。

抉擇 3：我的焦點放在當下

我的一個朋友最近跟我說：「約翰，你的生命中沒有後視鏡，你活在當下。」雖然有些人可能認為那是批評，我卻視為高度讚揚，因為我用心竭力專注處理眼前的事。有許多年，我的辦公室裡掛著一個牌子：「昨天在半夜就過完了。」這句話幫我把焦點放在當下。

許多人讓大好機會平白溜走，事後卻怎麼也放不下。他們生命中花太多時間在回收堆滿一整個垃圾場的悔恨，他們也把生命中的精華時光浪擲於空想可能會怎麼樣、應該怎麼樣，似乎以為他們在腦海中演練的次數夠多的話，他們就能改變結果。真是何等浪費！

我們正在做的事是唯一可以控制的事，如果我們愈常重溫昨日，離今日的機會就愈遠；我們離機會愈遠，回到常軌的路就愈艱辛。機會出現時看起來永遠不像離去後那麼美好，而且它們不等人，我們要非常用心才能認出它們。我們務必要專注發展目前的能力，而非過去的悔恨。機會可能以各種面貌自四面八方而來，但有一件事是確定的：只有當下才看得到、抓得到。

我們活在當下，我們的力量也在當下。你的過往早已發生，既然不論你多努力都無法改寫歷史，就把它一筆勾銷，邁向未來。請記得諺語是這麼說的：「舊的不去，新的不來。」

　　我們做的抉擇真的造就了我們，無論是好是壞，我們都會隨著每一個選擇改變。也許我讀過關於抉擇最有智慧的話，是由尼爾森（Portia Nelson）寫的，「人生五章」（Autobiography in Five Short Chapters）：

　　第1章：我走上街。人行道上有一個深洞。我掉了進去。我迷失了……我絕望了。這不是我的錯，費了好大的勁才爬出來。

　　第2章：我走上同一條街。人行道上有一個深洞。我假裝沒看到。但還是掉了進去。我不能相信我居然會掉在同樣的地方，但這不是我的錯。還是花了很長的時間才爬出來。

　　第3章：我走上同一條街。人行道上有一個深洞。我看到它在那兒。但還是掉了進去……這是一種習慣。我的眼睛張開著。我知道我在哪兒。這是我的錯。我立刻爬了出來。

　　第4章：我走上同一條街。人行道上有一個深洞。我繞道而過。

　　第5章：我走上另一條街。

　　要做成功的領導者，你必須知道你的立場，以及你為何而戰。你所做的關於管理自己及領導別人的重大決定，不僅顯示你是什麼樣的領導者，也決定了你將會成為什麼樣的領導者。用智慧做選擇。

你做的抉擇，造就了你

應用練習

1. **哪些重大抉擇改變你的生命**？我們每個人都做過奠定生命軌跡的抉擇，它們也改變了我們。花些時間反省，並寫下你所做的重大抉擇，詳列每個抉擇如何改變你的狀況，及你這個人。如果清單裡包括負面的抉擇或錯過的機會，你可能需要妥善處理隨之而來的情緒，然後向前出發。

2. **你曾在領導上做過（或你會做）什麼重大抉擇**？本章我描述了我在領導上所做的三個主要抉擇：

抉擇 1：我給自己設定的標準比別人的要求高。
抉擇 2：幫助別人比取悅他們更重要。
抉擇 3：我的焦點放在當下。

你要做什麼樣的抉擇？花一點時間把它們寫下來（不要超過五個）。

3. **你準備好做困難的抉擇嗎**？什麼原因能讓領導者做正確的抉擇？他們如何決定？我相信最好的方式是事先就完整預演過許多決定。看看你在練習 2 裡寫下的重大抉擇。針對每一

項，寫下這些重大抉擇的結果帶來的意涵（像我一樣）。完善準備是成功的一半。

培養領導者小建議

說到抉擇，有兩種方法可以用來幫助你指導的人。首先，評估他們對自己所做的決定能負多少責任。如果有人傾向於怪罪別人，或抱持受害人心態，你必須指明出來。如果人們不能為自己的行為負全責，就無法發揮他們做領導者的潛力。其次，幫助他們處理該做的抉擇以成為更好的領導者。不要試著告訴他們該選擇什麼，相反地，提出問題使他們徹底思考，這樣他們才能發現正確的選擇，並擁抱這個答案。

21 | 影響力只能借，不能給

Influence should be loaned
but never given.

　　我曾碰到許多人認爲我把領導力小題大做了。當我說：
「凡事之成敗與領導力息息相關。」他們馬上開始找例外。
我則還沒找到。我相信〈箴言〉說的是眞的：「義人掌管，
民就喜樂；惡人掌權，民就歎息。」[22]

　　三十餘年來，我致力於教導別人如何成爲更好的領導
者，那也表示我嘗試幫他們變得更有影響力。畢竟，領導力
就是影響力，一點不多、一點不少。例如好幾年前，我的朋
友道南（Jim Dornan）和我合寫了一本書叫做《成爲有影響
力的人》（*Becoming a Person of Influence*）。我們創作這本書
是爲了幫助別人增加他們影響力的潛能。這些年來我辦了個
講座叫做「領導力的五個層面」（The Five Levels of

Leadership），我已舉行了數百場，為什麼？因為它幫助人們
了解影響力如何運作，並展示如何擴展他們對別人的影響
力。

領導確實能造成改變。一個有廣泛影響力的人，能對社
會造成巨大的正面衝擊。那就是為什麼塔列朗伯爵（Count
Talleyrand）查爾斯（Charles）說：「比起由一隻綿羊率領
一百頭獅子的軍隊，我更怕由一頭獅子率領一百隻綿羊的軍
隊。」如果你想造成衝擊，那麼致力於發展你的影響力。如
果你想幫助別人更有價值，就幫助他們發展他們的影響力。
那正是為什麼我定位我此生的目標是，幫助那些能為眾人創
造價值的領導者，也就是有影響力的人（influencer）。

影響力的價值

我相信追求影響力並不是自私或負面的行為。影響力的
目的絕不僅止於改善有影響力的人自己的生活。追根究底，
影響力有三個目的極具價值：

1. 有影響力是為了替那些沒有影響力的人發聲

領導者最偉大的一個責任是為那些沒有影響力的人發
聲。好幾個世代以來，美國的非洲裔人民需要一個能代表他
們的聲音。直到二十世紀，金恩博士發出了那個聲音。他是
一個既富憐憫又有行動力的人，為受苦和貧窮的人說話，並

● 有些事只有領導者可以做，其中一個就是培養其他領導者。

指出一條通往改變與癒合傷痕的路。任何領導者若不願爲別人承擔，就無法實現身爲領導者最高的使命。

2. 有影響力是為了對那些有影響力的人說話

領導的另一個價值是影響有影響力之人。領導者往往只聽領導者說話。我常常有這個特權與商界、政界、宗教界與教育界的領導者平起平坐。爲什麼我做得到？因爲我四十年來致力於幫助別人，並已被公認爲領導者。我並不把這個特權視爲理所當然，而是嘗試利用它帶來改變。

3. 有影響力是為了把影響力傳給別人

有些事只有領導者可以做，其中一個就是培養其他領導者。唯有領導者才能帶起其他領導者。有影響力的人往往有機會挑出有潛力的領導者，幫助他們建立穩固根基，以發展他們的領導力。這也是本章要談的。

一路上的幫助

在領導旅程的一開始，你不會有什麼影響力。我認爲，年輕有才能的領導者勤奮工作，但得到的名望與認可少於他們應該得的，是很自然的事；反過來說，年長、已成功的領導者得到的名望，多於他們應該得的，也是很自然的事。年輕領導者並沒有那麼糟，年長領導者也沒有那麼好！

◉ 今天我站在許多領導者的肩膀上；每每在我生命中的關鍵時刻，他們把自身的影響力借給我。

　　我覺得自己很幸運，當我還是一個想闖出名堂的年輕領導者，許多已成功的領導者利用他們的影響力一路上幫助我。我對他們永遠心存感恩。像是派瑞特（Les Parrott），一位成功的作家，為我開啟出版第一本書的大門。喬治（Carl George）及查爾斯富勒學院（Charles Fuller Institute）給了我一個全國性的舞台做講員，大大加添我做領導者的影響力。尼爾森出版社（Thomas Nelson）前主管藍德（Ron Land），為我的書傾全力把我介紹給重要的發行管道。以及學園傳道會（Campus Crusade）的創始人白立德（Bill Bright），摟著我的肩膀對幾千人說：「約翰是你們可以信賴的領導者。」他給我的名望是我花十年才能得到的。

　　這份清單可以一直繼續下去。我知道，今天我站在許多領導者的肩膀上，每每在我生命中的關鍵時刻，他們把自身的影響力借給我。我永遠感謝他們。

釋出我的影響力

　　我還記得我身為領導者的影響力何時開始轉變。忽然間，我似乎不再需要別人的影響力來為我開門、給我保證。我建立了自己做為一位領導者的名望。能夠獨當一面並為更多人增加價值，讓我覺得棒極了。

　　與此同時，我料想不到的事發生了。人們開始要求我為他們延伸影響力。因為我做領導者的動機本來就是為了幫助

人，我便欣然地有求必應，沒有任何附帶條件。這是個壞決
定。我很快就發現人們在利用我。我的意思是：

他們無法用我的影響力建立他們自己的領導力

　　當我還是一個年輕的領導者，每次我受益於某位有經驗
的領導者的影響力時，我便視之為建造我自己的機會。領導
者已幫我打開大門，接下來得靠我自己完成。我非常努力工
作好為自己贏得信賴，並藉此證明自己。

　　但當我給別人影響力時，情況卻不是如此。許多人享受
我的影響力所提供的機會，卻什麼都沒做。他們沒有建造自
己；相反地，他們以為我的影響力可以一直做他們的靠山。
當我給的影響力逐漸消失，而他們開始走入「低潮」，他們
會回來找我並要求更多。他們會要求我再一次公開力挺他
們，要求我再為他們開門，要求我徵召更多的跟隨者來幫助
他們。

　　我已經運用我的影響力，給他們足夠的時間來建立人們
對他們的信任，但他們沒有做到。而且因為我不求回報地付
出我的影響力，我花了很多時間在別人面前肯定他們、支持
他們。但如果領導者終究不能自己領導，那麼他們對組織來
說就沒有什麼價值。

他們將我的影響力視為理所當然

　　當人們期望你幫他們度過難關，並繼續利用你的影響力

來建立他們的領導者地位，那麼只差一步，他們就會視你的影響力為理所當然了。這種事常發生在我身上。一個不夠努力、經驗不足的軟弱領導者，最後往往產生態度的問題。當他們遇到麻煩時，開始習慣並期待我的介入。當我等著他們跟上來，他們卻等著我走回去。他們希望我幫他們背負愈來愈多的擔子。當別人幫你挑起重擔時，你要出人頭地便容易得多。有些人甚至開始問，為什麼當他們需要幫忙時，我不能更快地援助他們。

他們無法將影響力傳給別人

正如我先前提過的，發展影響力最重要的一點是你可以傳給別人。自己沒有影響力的人，無法將影響力傳給別人；你不能給你沒有的東西。為什麼這很重要？要使組織成長就要發展領導者。如果你帶領的人做不到，那麼你的組織就有一個內在的限制。一直跟我借影響力的人，無法再把它借給別人，因此在他們的照顧之下，並沒有培養新的領導者。

讓我們說它是筆借貸

當我無條件地給別人我的影響力時，好消息是我的動機是正確的；壞消息是做為一個領導者，我識人的能力極差。將影響力給不能或不去恰當使用的人，是在浪費領導者的時間、力氣與資源。就好像把黃金送給一個人，他卻埋在後院

不聞不問。

　　我終於了解到影響力永遠不該給別人，只能借！就像投資，你該期待回報。就如同理財投資，報酬不好時，你就該投資別的地方。只有傻瓜才會在投資失利的地方繼續撒大把銀子。

　　既然我看事情的方式不同，我開始遵循一些原則來借出自己的影響力。當別人要求你使用影響力幫助他們時，也許這些原則也可以幫助你。

並非每個人都能借到我的影響力

　　正如銀行在交出金錢之前，會先審核借款人的資格，我借出影響力時也是這麼做。在我為人背書、為人開門之前，我想知道他們是誰。我想了解他們的性格，我想知道他們為什麼要借，我想看到他們使用這個「投資」的策略，而且想知道他們打算用什麼結果來償還。

借到我影響力的人要負起責任

　　在我給人影響力時，我總是假設他們會好好利用它並照他們的計畫進行。我再也不那麼做了。我現在明白我必須了解他們做了什麼，並確定我的投資是明智的。為了做到這一點，我定期查核他們，以確保這樁「交易」是明智的，而且貸款最後得以清償。

我期待我的借貸會有好的報酬

當我用影響力來幫助人，我期望他們因此變成更好的領導者。我想看到他們的成長加速，想知道他們的影響力提升。我的時間與資源都有限。我已經六十歲了，我希望所做的每個領導力投資都會有結果。如果他們沒有進步，而且沒有使用他們的影響力來培養別的領導者，那麼我保留停止投資的權利，轉而幫助別人。

現在當我準備投資影響力在一個有潛力的領導者身上時，我非常地謹慎。我細細打量這個人，我會問很多問題，並且確定條件很清楚：這是一筆借貸，不是禮物。然後，如果一切沒有問題，我就歡喜地把影響力借給他們。為什麼？因為這才是我想做的投資。有潛力的領導者很有可能在將來造成影響。

最近我寫了一些東西，表達的正是我對這件事情的感受。我稱它為「我與有潛力的領導者的借貸契約」：

> 我可以給你領導者的地位，
> 你必須爭取人們的認可。
> 我可以給你機會來領導，
> 你必須充分利用這個機會。
> 我可以說你是有潛力的領導者，

你必須發揮你的潛能力爭上游。

今天我可以找人來跟隨你，

明天你必須找人來跟隨自己。

我的影響力對你是一筆借貸，不是禮物，

你必須表達感謝，明智使用。

在我的投資上給我回報，

在我的投資上給別人回報，

在我的投資上給你自己回報。

克理斯・哈吉斯（Chris Hodges）是一個我投資並借給他影響力的人，他住在阿拉巴馬州伯明罕市，是一位很棒的領導者及朋友。克理斯以安靜謙卑的力量來領導。最近我收到他一封短箋說：

約翰，因為你是有價值的，所以你為我增添價值。除非你是有價值的，否則你無法為我增添價值。你允許我借用你的影響力、名聲、關係與智慧。因為你的影響力，我認識這麼多本來認識不到的人、訓練這麼多本來訓練不到的領導者、達到靠自己不可能達到的領導地位。謝謝！

克理斯在信中所描述我給他的東西，並不是我隨意給出去的。因為我非常刻意地讓他接觸以他的影響力還無法得到的人與資源，給他一批以他的領導力還無法召集的追隨者，

並幫助他經歷靠他自己還無法企及的成功滋味。

我非常高興我幫了他。近幾年來，我已看到克理斯的影響力大幅成長。他自己培養了許多領導者來加倍擴大那個影響力。他把領受的一切發揮到極致，而且從未回來向我要求更多。當他回來，爲的是來報答。克理斯擁有光明燦爛的未來！

我不知道你在這方面和別人的互動如何。如果你目前具有影響力，而且是隨意地送給別人，那麼我非常鼓勵你開始借給別人。

要是你自己沒什麼影響力呢？如果這樣，你的問題就不同了。你需要增強自己的影響力，無論是從跟隨你的人身上贏得，或從另一位更有經驗的領導者借過來。無論哪一個，你都可以經由培養下列特質來做到：

- **洞察力**：你知道什麼。
- **能力**：你做到什麼。
- **品格**：你是誰。
- **熱情**：你感覺到什麼。
- **成功**：你成就了什麼。
- **直覺**：你察覺到什麼。
- **信心**：你給別人的安全感。
- **魅力**：你如何與人連結。

　　如果你體現了這些特質，影響力就會增加。其他人會欽佩你，會被吸引，並自然地開始跟隨你。一旦你有一批追隨者，你就能開始幫助別人。當你這麼做，要記得：影響力只能借，不能給。

影響力只能借，不能給

應用練習

1. **有沒有人是你需要為他發聲的**？「奇異恩典」（Amazing Grace）這部電影是威伯福斯（William Wilberforce）的故事，他是十八世紀的英國國會議員，終生職志是讓英國廢除奴隸。有沒有人需要你站起來為他們發聲？你怎麼運用你的影響力幫助那些無法自助的人？

2. **你期待什麼是你影響力的回報**？如果你有任何影響力，你可以拿來幫助其他影響力較小的領導者。你這麼做了嗎？將影響力借給會善加運用的人，並確定事先即表明你對他們的期望。也許你想試用我對有潛力的領導者開出的借貸契約。

3. **你需要提升你對別人的影響力嗎**？如果你並沒有你想擁有的影響力，嘗試在本章列出的八件事上努力：

- 洞察力：每天反省，評估過的經驗使你更有智慧。
- 能力：每天學習技能並做到最好。
- 品格：每天保持自己在最高的道德標準。
- 熱情：每天釐清你最關鍵的事是什麼並全力以赴。
- 成功：每天將你的時間用到極致以獲得成果。

- 直覺：每天都注意領導的無形資產。
- 自信：每天都知道自己在做什麼並使別人有信心。
- 魅力：每天專注於別人並讓他們知道你的關切。

如果你努力做到這些，你會增加對別人的影響力，你也會得到其他領導者的賞識，借給你他們的影響力。

培養領導者小建議

當你決定開始指導別人，你可能期望你的投資能得到某種具生產力的回報。如果你還沒有寫出這些期望，現在就做。解釋你期待他們如何成長及為什麼。勾勒出你期待他們發展的影響力，要求他們立刻開始提升。

22 | 能捨
才能得

For everything you gain,
you give up something.

　　什麼是領導者前往下一個階段的關鍵？換個方式說，當你已經達到目標且經驗到成功，什麼會是你將面臨的最大障礙？我相信是——你必須放開你擁有的，才能得到一些新的東西。領導者面對的最大障礙就是他們自己的成就。

　　1995 年，我面臨一生中最困難的抉擇。當時我擁有長達二十六年極成功的牧師生涯。我已坐在我能到達最好的位置。我四十八歲，正處於事業的顛峰。我帶領的天際線衛理堂（Skyline Wesley Church）教會，當時是我們教派的「旗艦」教會，聞名全國且具有高度影響力。教會與我深受敬重，我的個人聲望也如日中天。我花了超過十年的時間培訓其他領導者，而會眾非常同心。教會位於加州的聖地牙哥，

是全國最美麗的城市之一，財務上與專業上均非常理想。我相信我可以在那裡安居樂業直到退休。唯一擋在我面前的阻礙是教會要搬遷，我也相信能夠完成。

我只有一個問題。我想在領導者位子更上層樓，想對全國、乃至國際產生影響。而如果我還留在那裡，我就無法完成理想。我明白下個階段的成長，需要做很多困難的改變，也會比我帶領教會花更多的時間。我了解我得回答一個決定性的問題：「我願意爲全新階段的成長拋棄我擁有的一切嗎？」

以穩定換取機會

這是所有事業成功的男女必須捫心自問的問題。德普力在《無能的領導》（*Leading Without Power*）裡寫：「逃避風險，其實是在拿生命中最重要的事冒險，是以我們的成長、潛力及眞實的貢獻達到一個平凡的目標。」

我自小即開始學這個取捨的功課。我父親常勸勉我說：「現在努力，待會再玩。」事實上，他說過很多次，因爲我是那種愛玩卻從來不想付出的人！他想要教我的是，先做困難的事，再好好享受。我則從他那裡學到，我們一生都在付出。我們得到的任何東西，都需要我們付上代價。問題是我們何時付出？我們愈晚付出，代價愈大，就像利息愈滾愈大。成功的人生是一連串的取捨。在我的職業生涯中，我一

● 我發現我們愈往高處爬，愈難做取捨。

次又一次以安全穩定換取機會。我放棄了許多人心目中的理想職位，所以我能成長爲領導者並造成更大的影響。

　　我發現我們愈往高處爬，愈難做取捨。爲什麼？我們得冒險捨棄更多東西。人們常常談到他們在草創時期所做的犧牲。但事實上，多數人一開始只有一點東西可以捨棄，他們唯一有價值的東西就是時間。但當我們爬得愈高，我們擁有的愈多，就會發現愈難以放開努力工作的成果。那就是爲什麼許多人爬他們潛力之山卻半途而廢。他們爬到了一個地方，卻不願意放棄一些東西以獲得接下來的東西。　結果是，他們停頓了。有些人就此永遠停下來。

　　當我內心思量著是否該離開教會成爲全時間的作家、講員，並投入培養人才，我向一些我所信任的導師尋求建議。其中一位，作家兼顧問史密斯（Fred Smith），傳給我下列的想法：

　　人類的某些天性引誘我們耽於安逸。我們嘗試找到一個學習高原，一個休息之處，有著舒適的壓力與充足的資金。在那裡我們與人有很自在的關係，而不用害怕認識新朋友或進入陌生的環境。當然，我們都會需要一個高原期。我們向上爬，然後在高原上消化吸收。一旦我們吸收了所學的東西，就再往上爬。當我們爬完最後一次的時候，總是令人感到遺憾。當我們爬完最後一次，我們已經老了，不論四十歲或八十歲。

那把我逼出了界線。我辭職了。我努力往一個嶄新的階段或是一次失敗的嘗試前進！

你要交換什麼？

我辭職後不久便反省了一下成長的代價，並寫了一個課程叫做「十個值得去做的取捨」。我相信我所學到極為受用的功課，你可能也用得著。

1. 捨認可、取成就

我曾解釋過在我早期的職業生涯，我總是想取悅人。我想要跟隨者的認同、同僚的欽佩以及上司的獎賞。我對認可（affirmation）上癮了。但讚美如煙迅速消散、獎賞生鏽了，而金錢報酬很快就花完了。我決定寧可真真實實做些事，也不要只是讓自己看起來很光鮮。這個決定為我生命中其他的取捨鋪了路。

2. 捨安全感、取意義非凡

成功不只是保持忙碌。你獻身於什麼很重要。歷史上偉大的領導者之所以偉大，不是因為他們擁有或賺得的東西，而是因為他們付出生命所成就的。他們造成了改變！

我選擇了一個我預期會帶來改變的工作，但這並不阻止我為更意義非凡的事冒險。對你來說也是如此，無論你選擇

了什麼職業。

3. 捨金錢利益、取未來潛力

我生命中有件事頗為諷刺：金錢從來不是我努力的動機，但最後瑪格麗特和我的財務狀況卻極為良好。為什麼？因為我總是把未來潛力放在金錢利益的前面。

錢幾乎是一直存在的誘惑。但這可回歸到「現在努力、待會再玩」的概念。如果你願意預先為更大的潛力犧牲錢財，你會有更大的機會來得著更高的報酬，包括財務上的報酬。

4. 捨立即享樂、取個人成長

如果說我們的文化與什麼衝突，那就是延遲的滿足。如果你去看看負債人數之多及他們存款數字之少的統計數字，你會發現人們總是尋求立即的享樂。

當我還是個孩子時，覺得學校很無聊，我等不及要結束學校生活。當時我最想做的事就是休學、跟我的高中情人瑪格麗特結婚，還有打籃球。但因為我想要有領導方面的事業，我上了大學，取得學位，並一直等到畢業才娶瑪格麗特。那四年是很長的。

一次又一次，瑪格麗特與我延遲或犧牲了享樂、方便或奢侈，為了要追求個人成長。而我們從未後悔過。

● 當你年輕時，應該多方嘗試，看看你的長處與興趣在哪裡。但當你年歲漸長，你應該更加專注，才能走得遠。

5. 捨探險、取專注

有些人喜歡玩票。玩票的問題是你永遠不會真的專精任何事。沒錯，當你年輕時，應該多方嘗試，看看你的長處與興趣在哪裡。但當你年歲漸長，你應該更加專注。你唯有在某方面擁有專長，才能走得遠。如果你研究偉人生平，你會發現他們非常專心致志。你一旦發現你人生的目的，就要緊抓不放。

6. 捨生活的量、取生活的質

我必須承認我有個「更多」心態。如果一個好，四個更好。如果有人說他的目標是20，我鼓勵他達到25。當我在CD裡教一個小時的領導力課程，我盡可能放進更多內容，讓收到的人必須聽五次才能全部吸收。

由於這天生想要更多的傾向，我生活中的空檔非常少。多年來我的行事曆總是塞得滿滿的，我幾乎沒有時間放鬆下來。我記得有一次邀請哥哥賴瑞及嫂嫂來我們家，但賴瑞說：「不，你太忙了。如果我們去，根本看不到你。」

我曾讀到有一家大出版社的總裁向一位智者求教。在他描述完自己的生活有多混亂後，他靜候聖人的寶貴話語。老者起初不發一語，他只是拿起茶壺，開始把茶倒進杯子。他一直倒，直到茶水溢出流滿了整個桌面。

「你在做什麼？」這個生意人大叫。

「你的生活，」智者回答：「就像一個滿溢的茶杯，已經沒有空間給任何新的事物了。你必須倒出來，而不是再加更多東西。」

要我改變心態去重質不重量是很困難的。老實說，我仍在努力中。1998 年的心臟病發作在這方面的確影響了我。有了孫子也有同樣效果。我現在爭取更多時間做生命中真正重要的事。我建議你也這樣做。

7. 捨差強人意、取卓越

這點非常明顯、幾乎是不言而喻。人們不會付錢給平凡普通。僅是差強人意的東西不會得到青睞。領導者不能乘著平庸的翅膀飛翔。如果有值得做的事，全力以赴，不然乾脆別做。

8. 捨加法、取乘法

當人們從辦事的人變為領導的人，他們生命的影響力大為增強。那是很重要的一個躍進，因為正如我在《團隊合作17 法則》中主張的，一個人不足以成就任何大事。然而，還有一個更困難、更有意義的躍進：從相加的人變為相乘的人。

領導者聚合跟隨者，能使跟隨者所能成就的增加；領導者培養領導者，則會相乘他們的能力。怎麼會這樣呢？因為他們每培養或吸引一個領導者，他們不僅得到那個人的馬

力，也得到那個人領導的所有跟隨者的馬力。如此將產生難
以置信的相乘效應。每個偉大的領導者，無論他們在何時何
處帶領，都是領導者中的領導者。為了晉身領導的最高層
級，你必須學習做相乘的人。

9. 捨上半場、取下半場

布佛德（Bob Buford）在他的書《人生下半場》
（*Halftime*）裡說，大部分人生上半場成功的人都希望以同樣
的方式過下半場。他真正要說的是，這些人已到達他們的學
習高原，不願意捨棄目前擁有的一切來換取嶄新的做事方
式，因為固守熟悉的要容易得多。

如果你在人生下半場，你可能已經花了很多時間為成功
付上代價。不要浪費它。要願意拿它換取意義非凡。做一些
在你離開世界後還會繼續留存的事。如果你還在上半場，那
麼你要繼續付出代價，以便到了下半場時你能做出貢獻。

10. 捨為上帝工作、取與上帝同行

服事主這麼多年，我了解為上帝工作能帶來很深的滿足
感。然而，我也了解一直為上帝工作、卻沒有持續與上帝連
結的陷阱。如果你沒有信仰，這對你可能沒有意義。但如果
信仰是你生活的一部分，要記得無論你的工作有多重要，都
比不上你和造物主的關係。

● 為了做個卓越的領導者，你得學習輕裝上路。

先卸貨、再上貨

　　為了做個卓越的領導者，我想你得學習輕裝上路；你得學習先卸貨、再上貨。你必須放開舊的，好抓取新的。人們很自然地拒絕這種想法。我們想要待在安樂窩，留住熟悉的事物。有時環境迫使我們放棄一些東西，讓我們有機會去得到別的。然而更常發生的是，如果我們想要做出積極的取捨，我們必須保持正確的態度並願意放棄某些東西。

　　南北戰爭時，林肯總統被請求增兵五十萬去打仗。政治顧問們強力建議他拒絕，因為他們認為答應這個請求將阻礙他連任。但林肯的決定很堅定。

　　「我沒有必要連任，」他說：「但前線的士兵有必要增加五十萬的援軍，因此我要徵召這些軍人。如果我因此下台，我也會很出色地下台。」

　　林肯是美國最偉大的總統之一，因為他願意拋棄一切。這是領導者必須具備的態度。身為領導者，每一個我們希望經歷的嶄新成長，都需要嶄新的改變。你不可能只要前者、不要後者。如果你想成為更好的領導者，準備好做些取捨。

　　我先前提過，2007 年 2 月時我滿六十歲。生日前幾個月，我花時間背誦下列禱告，因為生日當天我想在親朋好友面前這樣禱告：

　　　　主啊，當我年歲漸長，我想要人們知道我是……

思想周到的，而不是有天賦的，

富愛心的，而不是敏捷、聰明的，

溫柔的，更勝於有力量的，

一個聆聽的人，而不是一個很棒的溝通者，

隨時準備幫助人，而不是埋頭苦幹，

犧牲的，而不是成功的，

可靠的，而不是有名的，

滿足，而不是被驅策，

自制的，而不是令人興奮的，

慷慨的，而不是富有的，

憐憫的，而不是有能力的。

我想做個為人洗腳的人。

我仍在努力變成這樣的人，我還在做取捨。

我現在比過去任何時候更能體會到，一個人的大生日可以只是標示時間的流逝，也可以標示他們為了發揮潛力而在生命中做出的改變。在過去的每一年裡，我都想做出好的抉擇好讓自己成為更好的人、成為更好的領導者，並且對別人造成正面的影響。那需要我不斷地做出取捨，因為能捨才能得。

能捨才能得

應用練習

1. 你做了什麼取捨？看看本章列出的十個取捨：

- 捨認可、取成就
- 捨安全感、取意義非凡
- 捨金錢利益、取未來潛力
- 捨立即享樂、取個人成長
- 捨探險、取專注
- 捨生活的量、取生活的質
- 捨差強人意、取卓越
- 捨加法、取乘法
- 捨上半場、取下半場
- 捨為上帝做工、取與上帝同行

你過去做了哪些這樣的取捨？（如果你無法舉出一個具體的例子，你就沒有做過那個取捨。）這個取捨值得嗎？為什麼？

2. 你還需要做什麼取捨？上面十項是我的清單。你還需要在你的清單上增加什麼取捨？花幾個小時反省其他你做過的取

捨，包括正面的與負面的。然後寫下你相信未來會對你有益的
取捨清單。

3. **你要捨棄什麼讓你這個人更好**？德普力說：「領導者的
首要職責是定義現實狀況；最終職責是說謝謝。兩者之間，領
導者是個僕人。」你要捨棄什麼為跟隨你的人或機構帶來助
益？你願意放棄好處與特權嗎？你願意少拿些報償嗎？你願意
不居功而承擔責備嗎？

培養領導者小建議

現在他們都熟悉取捨的觀念了，問你指導的人他們想要取
捨什麼。他們的回應可能是指出個人的終極目標，但要求
他們專注在旅程的下一個階段。跟他們談談目前需要做的
取捨，以及可能要捨棄什麼才能得到其他事物。導師最大
的一個價值是先看到人所未見的，然後引領他們航向目的
地。

23 | 與你一起開始的人，
少有與你一起完成

Those who start the journey
with you seldom finish with you.

　　每當我走在芝加哥的歐海爾（O'Hare）機場，經過某一個公共電話亭時，我的思緒就會飛回1980年發生的一件事。當時我已領導了十一年。在我開始領導的好幾年間，我領導的組織很小，瑪格麗特和我什麼都得做。但這個時候我已開始聚合並建立團隊。那是我一直嚮往並計畫要做的事。在我職涯一開始，我已預想我的團隊會是什麼樣子，我們會同心合意，我們會做大事，我們會永遠在一起。

　　我挑選的第一批團隊成員之一是我的助理蘇。她是瑪格麗特與我的好朋友，非常有才能。蘇為我做了很出色的工作，我們兩對夫婦一起完成了很多工作。當你和喜愛的好人一起做事時，你不覺得你在工作。

當我事業上有晉升的機會時，自然希望蘇跟我一起去。這需要搬到另一個城市，但他們夫婦倆都同意繼續在我們身邊工作。瑪格麗特和我樂極了。不久之後，我們四個便一起旅行到那個新城市去找房子。我們事事順遂，也制定了計畫，對未來前景感到興奮。

幾個星期後，當我在旅行時，我從芝加哥機場打電話回去辦公室給蘇。她通常都是很愉快的，那一天卻不是。我們聊了幾分鐘公事後，她很快地打斷了談話。「約翰，我必須告訴你一些事，」她說：「我們不搬家了。我先生和我決定要留在這裡。」

我呆住了。發生了什麼事？當我前往登機門時我還在想。顯然我們就要分道揚鑣了。我既難過又失望。當我上了飛機，儘管很痛苦，但一個關於領導的真理卻在腦海中變得清晰：與你一起開始旅程的人，少有與你一起完成的。

這一課可能是我寫起來最情緒激動的。我很重視人際關係。我喜歡與人相處，特別享受與團隊一起工作。我帶領過很多團隊，也研究團隊合作超過四十年了。在我的《團隊合作17法則》中，我寫到團隊的重要性與團隊為我做的事：

我的團隊使我成為更好的人。
我的團隊使我為別人創造加倍的價值。
我的團隊讓我做我最拿手的事。
我的團隊給我更多時間。

我的團隊代表我，當我無法出現時。
我的團隊是相處融洽的社群。
我的團隊實現我心裡的渴望。

那時候，我列出12個團隊核心的關鍵成員，現在只有6個還在團隊裡。一個令人難過的事實是，現在與你最親近的人不會永遠與你最親近。

大家上車囉！

在我成為領導者初期，我假設團隊中每個人都會與我同行，也認為我的責任是確定他們會這麼做。如果組織像是行駛在軌道上的火車，我就是司機兼列車長。我負責開火車而且確定每個人都上了車。如果我們停下來休息，開動時我會喊：「大家上車囉！」如果他們沒來，我便去把他們找來。如果他們不想回車上，我會背他們回來放到座位上，送點心給他們吃。無論如何我決意把他們帶上車與我同行。

在那之後我學到很多。我花了幾年時間，終於發現……

並不是所有人都將與你同行

待在團隊裡是一個抉擇。我發現有些我希望留在團隊的人不想留下來。有時是熱情的問題。我的熱情所在不是所有人的熱情所在；鼓舞我的並不一定能鼓舞別人。有些人不喜

歡我團隊的成員，其他人則只是不喜歡我。有時候人們有不同的使命。要是我能早早學到這一點，我招募有潛力的團隊成員會容易得多。

並不是所有人都該與你同行

只因爲你喜歡一些人，並不表示你的團隊需要擁有他們。我太常把朋友拉上「我的火車」。我們喜歡在一起，也認爲我們應該一起工作。但往往他們沒有合適的技能或經驗貢獻給團隊。我不管三七二十一把他們擺在團隊，就是個錯誤。每次只要你因爲關係而忽略了現實，你就會有麻煩。

並不是所有人都能與你同行

人們在旅程一開始適合這個團隊，並不表示他們有能力參與全程。有些人就是沒有潛力與願景和團隊一起成長。

這個領悟對我特別困難。早期與某人共事的回憶如此美好，使我很難認清那些日子已一去不復返。但眞相是當組織一直成長，其速度有時會超過一些隊員。就好像火車以一個動力不足的火車頭來啓動，當車廂少的時候，馬力小不是問題。但當你加上愈來愈多的車廂且要爬坡時，有些原來拉動團隊的人反而成了領導者必須拉著他走的負擔。而且無論你花多少時間、精力來幫助他們進步，他們已開足馬力卻不會再有進展。

領導者最難的一個抉擇，就是他們發現自己處於這樣的

● 所有的組織都有員工流動，人們來來去去。問題不是人們要離
　開，問題是誰要離開。

情況。你要繼續背著這個人嗎？如果是，那會削弱你的領導
效能，最終使你精疲力竭。你期待你的團隊繼續背著他嗎？
那會傷害團隊的氣勢與士氣。你要開除他嗎？

　　理想上，你可以嘗試在組織中找出適合他馬力的位置，
讓他以他的潛力工作。有些人會欣然接受，只求還是組織的
一份子。其他人則不能或不願意接受降職。如果是這樣的情
況，你唯一能做的就是在他們離開時祝福他們。

　　別弄錯，就某種程度而言，你可以選擇你要失去誰。如
果你留住且獎賞無心投入、也沒有生產力的人，最終你的團
隊就會由無心投入、也沒有生產力的人組成。你獎賞什麼就
成就什麼。所有的組織都有員工流動，人們來來去去。問題
不是人們要離開，問題是誰要離開。如果要加入你團隊的人
有很好的潛力而要離開的人潛力有限，團隊的未來是光明
的。如果要上車的人潛力有限而要離開的人很有天賦，那麼
你的未來是黯淡的。

　　我終於能接受別人的離開。人們為了不同的原因離開我
的團隊。我成長得比一些人快，有些人則成長得比我快。有
些人改變了，想要往新的方向去；有些人拒絕改變，火車只
好把他們留在後面。這是領導上一個令人難以接受的事實。
時間會改變，而人們要學習與時俱進。這對有些人非常困
難，但如果你打電話給某人，聽到答錄機說：「我現在沒
空，但謝謝你這麼關心還打電話來。我的生活正在做一些改
變。『嗶』一聲後請留言。如果我沒有回電話，那表示你就

是其中一個改變。」[23] 你就知道這個人成功了。

從正確的角度出發

　　在旅程中把一些人留在後面不是一件好玩的事。我想念他們之中很多人。我希望他們之中有些人也能想念我。但領導就是如此。你最好的期盼就是當人們離開時，你已預備好，並保持正確的角度來看事情。我希望我的錯誤能幫助你。這裡是四個我曾做過必須改正的錯誤。

1. 我等了不該等的人

　　如果你獨自旅行，你要多早起床都沒問題。如果你與人同行，你一定得等他們。而有些人，我等得太久了。我不斷等候，但他們從未回到車上。每當我這樣做，結果是組織失去動能，我團隊裡最機敏的成員感到受挫，我也因為沒有快速處理而失去人們的信任。我原本渴望為一個人做對的事，卻對整個組織做錯了事。

2. 當我失去重要成員時會感到內疚

　　我剛開始領導時，每次失去一個成員，我就覺得是我的領導能力有問題。有時候是的。（如果一個領導者不斷失去他最好的人，通常是領導者的問題。）但好領導者常常會發掘並培養許多人才，其中有些人最終會離開組織。

●當人們要離開時，最好是祝福他們而不是求他們留下來。

在我職業生涯早期，我很努力地想留住最好的人，甚至可能還太努力了。許多時候我會提供很大的誘因把他們留下來，但當我那樣做時，多半不是正確的抉擇。我必須學習當人們要離開時，祝福他們而不是求他們留下來。你不可能有效地帶領不想留在你團隊的人。

3. 我相信團隊的重要成員是無可取代的

每次有人告訴我他們要離開團隊，我的第一個問題會是：「誰能取代這個人？」而我太常認為答案是：「沒有人。」我已學到那種想法的謬誤。天涯何處無人才，人才也想覓良將。你愈發展自己的領導力並投資在人才身上，可以挑選的人就愈多。

這種從缺乏到充足的心態，使我的領導方式有很大的改變。有許多年，我只有在接到辭呈時，才出去找人來代替關鍵的成員。如今我在出現空位之前就先問這個問題。那看起來似乎冷酷無情，但當你是一個組織的最高領導者，組織前景操之在你，你必須為任何情況做好準備。因此，對任何一位關鍵成員，我都嘗試在心裡準備替補人選。那樣，如果有人離開或狀況發生，我不會恐慌，團隊也不會受損。

4. 我必須學習感激那些只與我短暫同行的人

領導的旅程是漫長的，在某些時候會需要特別的人來幫助領導者使旅程成功。這些擁有特殊技能的人常常只與領導

者同行一段時間，然後他們就繼續前進。

很多人在我生命中扮演那樣的角色。他們來到我身邊一段時間，導引我到生命中一條特定的航線。我不再試著留住他們，因為明白他們之中有些人需要為別的領導者扮演這個角色。或者他們已前進到生命中一個新的階段。對他們，我只有心懷感恩。我明白沒有他們，是不可能更上層樓的。

最後，我所發現的是，領導者不能把自己視為團隊的擁有者，儘管他是一個組織的老闆。好領導者了解自己只是管家。他必須找到最好的人，給他們機會加入旅程，發展他們，鼓勵他們來發揮潛力。但他不能把他們抓得太緊。與你一起開始旅程的人，少有與你一起完成的。

好消息是有些人會留下來。對那些繼續與我走下去的少數人，我心懷感激。他們每個人都放棄了一些特別的事，我們才能一起做更特別的事。因為他們人數極少，他們對我而言就更珍貴了。如果你依然和一些與你開始旅程的人同行，歡慶吧，愛他們，獎賞他們，並繼續享受這個旅程。

與你一起開始的人，少有與你一起完成

應用練習

1. 你對人們離開團隊的反應是什麼？你在人們離去時的反應，充分說明了你的領導力。你會認為它和你個人有關嗎？如果是，你的領導可能缺乏安全感。你會發慌嗎？如果是，你沒有花足夠的時間尋找潛在的新領導者。你冷漠嗎？如果是，你可能與你帶領的人沒有夠深的關係。花些時間審視你的反應，看看那對你的領導力有何意義。

2. 你是否等人更上層樓等得太久？當團隊中人人都覺得某些隊員拖累了團隊，那將減少組織的動能，傷害團隊的和諧一致，也削弱你領導力的信譽。身為領導者，你一定要處理這樣的人。如果你不處理，你會傷害組織並失去你的領導地位。

確定你要處理的是哪一種問題，如果是⋯⋯

- 機會：給他們需要的讓他們能更上層樓。
- 適任：如果他們不在對的位置上，把他們放在別的地方。
- 潛力：找出他們是否有進步的能力。
- 態度：了解他們是否想更上層樓。

如果問題是機會或適任，他們可能會順勢而起。如果是潛力，他們在低一點的職位可能會做得很好。如果是態度，他們一定要改變，否則就得走人。

3. **下一批關鍵成員來自何方**？如果你還沒準備找潛在的團隊成員，今天就開始。想想看在你的組織裡，誰可能有能力在他的領域升上去，或從另一個部門或位置轉過來。和可能與你共事或可能知道誰適任的朋友、同事保持聯繫。你甚至可以在你的對手中找精明的人。要眼觀四面。你遇到的每一個人都是可能的團隊成員。

培養領導者小建議

協助你指導的人辨認出誰拖累了團隊。幫助他們確認問題是機會、適任、潛力或態度。當他們努力要處理問題時，做他們的教練和啦啦隊。

24 | 除非很多人希望領導者 成功，否則他很難成功

Few leaders are successful unless
a lot of people want them to be.

1998年凱森柏（Jeffrey Katzenberg）與夢工廠製作了一部動畫電影「埃及王子」（The Prince of Egypt）。這部電影的主人翁是摩西，他在埃及法老王的家中長大，最後帶領以色列的子民逃出埃及的奴役。在製作這部電影時，製作人諮詢了一些宗教領袖的意見。我有幸是其中一位。那次經驗對我非常具有啟發性，它讓我可以觀察到製作電影時幕後發生的事。

當電影快要上演時，瑪格麗特與我很高興收到首映會的邀請函。那是多令人興奮的一夜啊！那個晚上充滿了歡聲笑語。是的，那裡有紅地毯、攝影人員、媒體和電影明星。而且是的，瑪格麗特與我走在紅地毯上向群眾揮手，只是他們

不會注意到我們。

當我們進入戲院，電影開始了，我注意到人人都非常專注。當然有些與會者已看過整部電影，但多數人像我們一樣是第一次看。他們心中有個共同的問題：「這部電影會是什麼樣？」

當我們觀賞時，有別於一般觀眾，這些人對看起來細微的事也都有反應。爲什麼？因爲他們都參與了細節。那是個獨特的經驗，瑪格麗特與我都很喜歡這部電影。

結束時，觀眾熱烈地鼓掌，而我立刻起身準備離開。只要跟我一起參加過活動的人都知道，我喜歡早一點出去。瑪格麗特很快地把我拉回座位；戲院裡完全沒有動靜。令人驚奇的是，當幕後功臣開始被一一唱名時，興奮之情不斷高漲。每喊到一個名字，就會響起一陣歡呼，當許多工作人員因爲對這部電影的成功有重大貢獻而得到認可時，電影明星變成了啦啦隊。

對戲院裡的人而言，功勞不只是一堆名字。那些名字是他們認識而且關心的人，他們都對「埃及王子」做出特別的貢獻。沒有他們，就不可能成功地完成這部電影。那一夜我離開時帶著這樣的印象，就是每個人都應該受到重視，因爲每個人都很寶貴。需要很多人才能締造成功。這就是爲什麼我說除非很多人希望領導者成功，否則領導者極少成功。

● 做爲領導者，除非有人做你後盾，否則你不可能領先。

唱獨角戲不能成為領導者

我想我們有時候對偉大的領導者會有誤解，尤其是我們在歷史上讀到的那些，我們認爲他們無論是否受到別人的幫助，都能成就大事。我們相信像亞歷山大大帝、凱撒大帝、查理曼大帝、征服者威廉、路易十四、林肯總統及邱吉爾首相這些人無論有沒有別人的幫助，都會一樣偉大。但那不是眞的。如果沒有許多人支持，領導者不會成功。

蘇利文（Dan Sullivan）與野村（Catherine Nomura）在他們的書《人生成長的十堂課》（*The Laws of Lifetime Growth*）裡寫著：

> 只有少數人長期下來能一直成功。這些鳳毛麟角知道每一次成功都是因爲許多人的協助，而他們總是感謝這樣的幫助。相反地，許多人的成功停滯不前，因爲他們與幫助他們的人切斷了關係。他們視自己爲獲得成就的唯一來源。當他們愈來愈自我中心並與他人隔絕，他們就失去了成功的創意與能力。持續認同別人的貢獻，你自然會在你的心裡與這個世界裡，創造更大的成功空間。你會爲那些幫過你的人成就更多。專注於欣賞並感謝別人，環境會一直成長以支持你更多的成功。[24]

如果你想做成功的領導者，你會需要很多人的支持。如

果你有智慧，你會欣賞及認同他們對你成功的貢獻。

一路上的幫助

在我領導生涯開始幾年，我一直自問：「我能成就什麼？」我的焦點過於集中在自己及我能做什麼。不久我便發現單憑己力完成的非常微不足道。完全靠自己的人成不了氣候。我很快地把問題改爲：「我能和別人一起成就什麼？」我明白只有別人幫助我，我才會成功。做爲領導者，除非有人做你後盾，否則你不可能領先。

當我回顧多年來所有幫助過我的人，我發現他們主要是兩種人：導師與支持者。導師們教導我，指引我，許多時候則以他們的羽翼覆蔽我。我非常感謝他們。這裡是關於他們一些有趣的事：

有些從來不認識我的人幫助了我

我素未謀面的導師多到無可計數。他們大多數是透過所寫的書教導了我，或是透過別人寫他們及他們的想法的書。他們穿越時空來指導我，而他們的傳承在我身上延續下去。

有些認識我的人從不知道他們幫助了我

許多人示範了領導與成功的原則，使我能應用在我的人生。我留意他們的心得，學到許多爲我的生命加分。只要有

● 我生命中的導師往往俯身下來，把我拉到他們的高度。支持者
　則把我舉起，使我變得比靠我自己時更好。

機會，我很樂於向這些無心插柳的導師們表達謝意。

有些認識我的人知道他們幫助了我

　　這些人是刻意幫助我的。有些人以他的羽翼保護了一個
不知天高地厚的年輕領導者。有些人則是看到一個初出茅蘆
的領導者便引領他前行。還有一些人到今天仍在幫我磨亮我
的思想，成為更好的領導者。大部分發生在我身上的好事，
都是他們致力於為我添加價值的結果。

　　我生命中的導師往往俯身下來，把我拉到他們的高度。
支持者的角色就不同了：他們把我舉起，使我變得比靠我自
己時更好。當我想到過去及現在，所有曾擔任這個角色形形
色色的人，我發現他們可以分為幾種人。我要列個清單，因
為這也許能幫助你確認哪些是幫助你的人：

- **時間解救者**（Time Relievers）：這些人幫我節省時
  間。
- **天賦互補者**（Gift Complementers）：這些人會做我
  沒有才能去做的事。
- **團隊成員**（Team Players）：這些人為我及團隊增添
  價值。
- **創意思考者**（Creative Thinkers）：這些人解決問題
  而且提供我選擇。

- **工作終結者**（Door Closers）：這些人卓越地完成指派給他的工作。
- **人才發展者**（People Developers）：這些人發展並培養其他領導者及生產者。
- **僕人領導者**（Servant Leaders）：這些人以正確的態度來領導。
- **心靈擴張者**（Mind Stretchers）：這些人擴大我的思想與靈性。
- **關係織網者**（Relational Networkers）：這些人把能為我增添價值的人帶到我的生命中。
- **靈性導師**（Spiritual Mentors）：這些人在我信仰的道路上鼓勵我。
- **無條件愛我的人**（Unconditional Lovers）：這些人知道我的軟弱，卻仍然無條件地愛我。

我非常感謝這些人。我尊敬、珍惜並感激他們。沒有他們，我不可能成功，而我每天都讓他們知道這一點。

你的願景需要別人一起來實現

我生命中曾有許多很大的夢想，但上帝從未給我一個靠我自己就能完成的夢想。而且因為我的夢想總是比我自己大，所以我只有兩個選擇：放棄，或是求助！我選擇尋求幫

● 人們喜歡為那些感激他們的人工作。

助。

　　沒有旅行的日子，我大部分在總部的辦公室工作。但上星期當我在辦公大樓走一圈時，我不斷想到這個事實：唯有大家希望一個領導者成功，他們才會成功。

　　在其中一間辦公室，掛著一張我父親、哥哥與我的畫像。毫無疑問，我生命中許多祝福皆來自他們。我父親是我生命中最大的影響力之一，他一直是我的英雄。我的哥哥賴瑞，則是我最親密的顧問與摯友。

　　在美國事工裝備辦公室的牆上，我還看到分佈世界各國的領導者照片，他們與EQUIP合作，在全世界訓練上百萬個領導者。沒有他們，這是不可能的任務。

　　在音久顧問公司的接待中心放著一隻穆拉諾（Murano）的玻璃老鷹，是尼爾森出版社送給我的，紀念我的書銷售1,000萬本。多年來他們的團隊加添了我寫作的價值，而我們許多次的會議都產生了很棒的想法，提升我身為作家的層次。沒有他們，我如今會在哪裡呢？

　　在音久的走廊上掛著許多大教堂的照片，都是我們協助募款蓋成的。音久的許多成員是幫助他們的顧問及夥伴。沒有他們，那些事一樣也不會成就。

　　我可以不斷地細數下去。每個人都有份於我的成功。若把他們拿走，我個人所能成就的變得微不足道。

　　身為領導者，當我學到這一課，我的反應是什麼？當然是感恩。對那些把我舉在他們肩膀上的人，我要說聲謝謝

你。我知道因為他們，我才能站在今天的位置。感謝的英文
「thank」與思想的英文「think」有同樣的字根。也許領導者
能多「思想」別人的貢獻，就會對他們有更多「感謝」。

事實是，當別人加入我們的志業，成功就合成了。跟隨
者造就了領導者，偉大的跟隨者則造就偉大的領導者。做為
領導者，如果你從未學到這一課，你的效能永遠無法達到最
高水準，你永遠在為一個不斷換人的團隊招兵買馬。人們喜
歡為那些感激他們的人工作。

除非很多人希望領導者成功，
否則他很難成功

應用練習

1. **誰支援你**？支援你、與你共事的人分哪些類型？請看本章的清單：

- 時間解救者：這些人幫我節省時間。
- 天賦互補者：這些人會做我沒有才能去做的事。
- 團隊成員：這些人為我及團隊增添價值。
- 創意思考者：這些人解決問題而且提供我選擇。
- 工作終結者：這些人卓越地完成指派給他的工作。
- 人才發展者：這些人發展並培養其他領導者及生產者。
- 僕人領導者：這些人以正確的態度來領導。
- 心靈擴張者：這些人擴大我的思想與靈性。
- 關係織網者：這些人把能為我增添價值的人帶到我的生命中。
- 靈性導師：這些人在我信仰的道路上鼓勵我。
- 無條件愛我的人：這些人知道我的軟弱，卻仍然無條件地愛我。

想想看你身旁的人屬於哪些類型。是否有你重視的其他類

型不在此列？如果是，他們是什麼樣的人？最後，你是否缺乏某些類型的支援人員？你要如何去找這樣的人呢？

2. **你如何說謝謝**？有效能的領導者很重要的一件事是，找時間向那些使你成功的人表示感謝。你怎麼做呢？你是否明確地對支援名單上的每個人說「謝謝你」？你有沒有告訴他們，他們的貢獻是什麼、你多麼重視？你定期獎賞他們嗎？如果你沒有定期地真誠表達你的感謝，你無法把人留住太久。

3. **哪些人是你的導師**？誰正在指引你，把你拉拔到他們的層次？如果你的生命中目前沒有人這樣做，找個人來做。你過去的導師呢？你曾謝謝他們嗎？如果沒有，這個星期花時間寫張謝卡，讓他們知道你多麼感激他們曾為你增加價值。

培養領導者小建議

現在正是個好時候來謝謝你所指導的人，為著他們協助你領導。花一些時間深思每個人的貢獻。明確地辨認出他們為你做的事，以及那如何地幫助你。然後在口頭上與書面上傳達感謝，並以某種方式獎賞他們。

25 你要問問題，
才會有答案

You only get answers to the
questions you ask.

　　信心可以定義為，在你真正了解狀況之前，就擁有一種
振奮人心、充滿活力且積極正面的感覺。大學畢業後，我帶
著極大的信心進入第一份工作。我覺得自己已經預備好帶領
一個小教會。我以為這會很簡單。但當我領導一群義務工作
者時，遇到了許多現實問題，令人感到非常挫折。我發現我
還沒有預備好，而且完全不知從何著手。

　　我有很多問題，但最大的問題是我的自尊不允許我去請
教他們。相反地，我假裝知道自己在做什麼。相信我，這絕
非成功領導的偉大祕訣！幾個月後我絕望了。有一句諺語
說：「問問題的人傻一時，不問的人傻一世。」我終於決
定，一時看起來無知，總比真的無知好，於是開始問問題。

● 好好地聽。你的耳朵絕不會給你製造麻煩。

　　我很想告訴你所有的問題立刻解決了，全部事情都翻轉過來。但是沒有。爲什麼？因爲起初我沒有問對問題。但那沒什麼關係，因爲反正我也問錯人了！幸運的是，我及時發現如果我堅持繼續問問題，我就會找出對的問題；而如果我繼續問對的問題，這會引導我找到對的人。那個過程花了我好幾年。但眞正的好消息是：當你知道對的問題，並拿去問對的人，你最後將得到正確的答案！

尋找對的問題

　　但不是每個人都發現了這個祕密。我讀過一個好笑的故事，講到好勝心很強的三兄弟離鄉背井出門打天下，個個都很成功。一天他們聚在一起，便開始吹噓最近送給老母親的禮物有多棒。

　　老大說：「我爲媽媽蓋了一棟大房子。」

　　老二說：「哦，我幫她買了最好的賓士轎車，還爲她雇了私人司機。」

　　「我把你們兩個都打敗了，」老三說：「你們知道媽媽有多喜歡讀聖經，你們也知道她的視力不太好。我送給她一隻能背誦整本聖經的棕色鸚鵡。那可是一個修道院裡二十個修士花了十二年的工夫教出來的。我每年得奉獻十萬塊錢長達十年，才能讓他們訓練牠。但這值得啦。媽媽只要說出章節，鸚鵡就會背出來。」

　　不久之後，每個兒子都收到媽媽的信。她寫給老大說：
「馬爾頓，你蓋的房子太大了。我只住一個房間，卻得打掃
整棟屋子。」

　　她寫給老二說：「馬提，我太老了，去不了任何地方。
我都是待在家裡，根本用不著賓士轎車。而且那個司機很沒
禮貌！」

　　她給老三的訊息比較溫柔：「最親愛的馬爾文，你是唯
一知道你媽媽喜歡什麼的兒子。那隻雞真是好吃。」

　　要有些人學會問問題的重要性，真是不容易！

　　問問題往往可以將成功人士與不成功的人分別出來。為
什麼？因為你要問問題才會有答案。沒有問題，就沒有答
案。金融家兼總統顧問巴魯克（Bernard Baruch）說：「數
百萬人看過蘋果掉下來，但牛頓是唯一問為什麼的人。」

　　我生命中某些最令人興奮的時刻，就是詢問成功人士問
題並聆聽他們的回答。在我職涯早期，我已決定要找出我的
領域裡全國最好的領導者。我竭盡所能與他們其中許多人見
面，只為了有三十分鐘時間問他們問題。當他們說話時，我
就做筆記。（我媽媽給了我金玉良言：「好好地聽。你的耳
朵絕不會給你製造麻煩。」）我實在很難解釋，我從他們身
上所學到的如何幫助了我的事業。

　　直到今天，年屆耳順之年，我仍不斷去找成功的領導者
並問他們問題。我試著與我欣賞且尊敬的領導者一年見面至
少六次。在我赴約前，我花很多時間預備。作家崔西（Brian

● 「優質問題創造優質人生。成功的人問較好的問題,結果他們也得到較好的答案。」── 羅賓

Tracy)說:「焦點準確的問題能刺激創意思考。一個結構嚴謹的問題往往直搗事情核心,並引發新的想法及洞見。」一般而言,問題愈經過深思熟慮,愈嚴密精確,答案就愈好。正如演說家羅賓(Anthony Robbins)說的:「優質問題創造優質人生。成功的人問較好的問題,結果他們也得到較好的答案。」

第一個要問的人是⋯⋯

我很難建議你為了變成更好的領導者,你應該去跟誰談、又該問些什麼。那真的得視你的情況而定:你從事哪個行業、你在生涯旅程哪個階段,以及你想如何成長⋯⋯。然而,我可以告訴你一點:在你跑出去訪問一堆領導者之前,你必須先做些別的事。你必須問自己一些問題。如果你並不是正在為你的生命做一些對的事,那麼別人的忠告與答案助益不大。如果你問自己對的問題,並且在做領導者的正軌上,那麼你該問別人什麼問題馬上就會明朗化。

好幾年前,我寫下十個我覺得必須定期問自己的問題。我相信回答這些問題有助於我步上正軌,而且幫助我走在做為領導者的正軌上,也幫助我個人不斷成長。我希望這些問題也能為你加分:

1. 我正投資自己嗎？──個人成長問題

　　我在〈不斷學習才能不斷領導〉那一章深入討論過這個問題，所以此處就點到為止。事實是領導者常常自己沒裝滿，以致無法分給別人太多。你不能給人你所沒有的。好領導者投資自己，不僅為了自己，也是為了別人的好處。多多學習，你就能領導得更好，也培養更好的領導者。

2. 我真心對別人感興趣嗎？──動機問題

　　每當人們告訴我他們想當領導者，我都會問為什麼。有些時候他們的答案是為了控制或權力。其他時候，我看得出來他們是對領導者的好處感興趣：好的停車位、轉角的大辦公室、更高的薪水及受人尊敬的頭銜等。只有少數幾次我聽到的是我相信唯一的正確答案：幫助別人。

　　在這十個我問自己的問題中，這一個通常是我最重視的。為什麼？因為我知道權力對一個人的影響。一個服務他人的領導者，很容易變成服務自己的領導者。我這麼說是因為所有好的領導者共有的特質是，快速評估環境並想出策略。他們可能不比別人聰明，但他們反應比別人快。這為什麼會是個問題？既然領導者能快速地評估，他們往往會先照顧自己的需求與渴望──先搞定自己──才去幫助別人。這對領導者一直是個誘惑，也一直是錯的。

　　抵擋這種誘惑最好的方法之一，就是真心對你帶領的人

感興趣。如果你與他們建立關係，知道他們的希望與夢想，並致力於幫助他們發揮潛力，你就不太可能違背別人對你的信任。

3. 我做我所愛、愛我所做嗎？——熱情問題

人們常常問我對於成功生活有何建議。有一些普遍的原則能幫人經歷到成功。我第一個回答總是：「你如果做你輕視的工作，你永遠無法實現你的天命。」

你對工作的熱情，是你成功的核心。當身邊的人日漸疲憊，熱情會為你添燃料、給你能量。當別人不再有創意思維，熱情會幫助你想出答案。當別人退出時，熱情會增強你的意志。當別人渴望安全時，熱情會給你勇氣去冒險。當別人每天埋頭工作時，熱情會容許你樂在工作。

人們總容易因循苟且。我往往自問：「我仍然愛我所做的，或者我只是交差了事？」我想要確定我仍然有熱情，因為如果我沒有，我知道會發生什麼事。領導者若一直不喜歡他們所做的，不僅是冒著無法成為卓越的危險，也會把個人的正直置於險境，因為他們容易妥協於錯誤的事或抄捷徑。

4. 我把時間投資在對的人嗎？——關係問題

三十年前我聽到「驚奇」鍾斯（Charles "Tremendous" Jones）說：「你五年後的生活會和現在一樣，除了你認識的人及閱讀的書。」當時我是個年輕人，將他的話銘記在心。

從那時起我開始尋找令我敬佩的人。如果我能約他們見面，我會去。如果不能，我也會買他們教導的錄音帶或CD，或參加他們的研討會。

我的書《人生一定要沾鍋》的主題強調出現在我們生命中的人的重要性。我寫著：「人們通常可以將他們的成功或失敗追溯於他們生命中的關係。」我的觀察是：

當我向錯的人問錯的問題，我在浪費我的時間。
當我向對的人問錯的問題，我在浪費他們的時間。
當我向錯的人問對的問題，我在消耗時間。
當我向對的人問對的問題，我在投資我的時間。

我以前已經說過，但這值得再三提醒。如果你想做不斷成長的領導者，找到對的人並問他們對的問題。

5. 我待在我擅長的領域嗎？——效能問題

我在〈一輩子都不用工作〉這一章曾觸及這個主題，所以你已經知道在這方面我的想法。亨利・福特（Henry Ford）說過：「問『誰該做老闆？』就好像在問『誰該在四重唱裡唱男高音？』當然就是能唱男高音的男人。」有效能的執行建立在力量之上……自己的力量及上司、同事及部屬的力量。不是建立在弱點上，也不是以他們不會做的事為根基來

建造。知道你什麼事可以做得好，然後去做這件事吧！

6. 我把別人帶到更高層次嗎？——使命問題

正如我說過的，一個領導者的效能問題，只能靠觀察跟隨他的人來回答。在他的領導下，人們變得更好還是更糟？他們向上提升還是向下沉淪？他們的未來愈來愈光明還是愈黯淡？

當我旅行到開發中國家，我常鼓勵領導者問自己這個問題。令人難過的是，在這些地方，很多時候只有領導者以及少數他們的愛將變得更好。但任何領導者若只求自己享福而讓別人受苦，那就大錯特錯了。

每一天我都提醒自己，我身為領導者的使命是為別人增加價值。那是我應該擁有領導他人特權唯一的理由。如果別人要前往更高的層次，那麼我應該繼續帶領。否則，就該有別人來取代我的位置。

7. 我照顧好今天了嗎？——成功問題

成功的祕密在於你每日的作息。成功的人及早做決定，並每天管理這些決定。我極力贊同這個想法，以致我為此寫了一本書叫做《贏在今天》。如果我專注於今天，做我今天該做的，那麼我已經為明天預備了。如果我沒有好好照顧今天，那麼明天我就得修正今天的錯誤。

有願景的人想要改變事情以打造更美好的未來。然而，

如果他們的焦點完全擺在未來，就沒辦法真正做什麼積極的
事。當人們問我要如何在他們的生命中做些改變，我告訴他
們：「除非你先改變一些日常生活做的事，否則你永遠無法
改變你的生命。」如果你每天問自己：「我照顧好今天了
嗎？」你就能夠保持在正軌上，或在你偏離時能迅速修正，
創造更美好的明天。

8. 我花時間思考嗎 ？——策略性領導的問題

　　許多領導者的致命傷就是思考的時間太少。領導者是天
生以行動為導向的人。他們喜歡向前移動自己、別人及他們
的組織。他們先天上停不下來。那往往使他們拒於挪出足夠
時間來思考，以便達到最有效的領導。

　　因為我是高度的精力充沛、行動積極，我必須在這方面
自律，並建立一個可以幫助我的方法。你可能也可使用，讓
你的思考時間能達到極致。我的方法是這樣：

- **我有地方來思考我的想法**。我的辦公室裡有一張舒適
  的椅子，專門讓我用來進行創意及反省思考。
- **我有方式來塑造我的想法**。我發展了特有的流程來發
  展並深化任何我想到的主意。
- **我有團隊來擴張我的想法**。在我的生命中，每一層面
  都有人來挑戰我，為我的想法增值，改善我的想法。
- **我有時間來測試我的想法**。在付諸實施之前，我會與

別人測試我的想法，以確保它們飛得起來。

■ **我有地方來落實我的想法**。如果好的想法從未實現，
它對領導者的價值就很有限。我的組織裡有人能使任
何想法實現。我把我的想法交付他們手中，然後給他
們資源與權力使其發生。

這裡或許已提供足夠的資訊，幫助你致力於策略性的思
考。但如果你想磨利你的思考，並學習更多關於這個主題的
知識，你可以看看我的書《換個思考，換種人生》（*Thinking
for a Change*，本書繁體中文版由天下文化出版）。

9. 我栽培其他領導者嗎？——傳承問題

正如我在本章一開始告訴你的，當我一開始帶領義工
時，我在讓人們跟隨我這件事上遇到麻煩。當我學到如何領
導，就開始有跟隨者了。起初我以為那已是了不起的成就，
直到我離開第一個組織，眼睜睜看著那個組織分裂了，我才
知道我的錯。如果你想要組織無論到何時都很成功，你不能
只是帶領跟隨者，你還必須栽培其他領導者。

我花了很多時間才學會如何栽培領導者，然後花更多時
間才真正做到。如今，在多年來專注於發展領導力之後，我
明白了領導跟隨者又快又容易，但回報很少；領導領導者又
慢又困難，但回報很大。栽培領導者的代價非常高，但回報
也很高！

10．我討上帝的喜悅嗎？──信仰問題

　　最後一個問題可能與你沒有關係，但對我是最重要的問題。如果這問題冒犯了你，我很抱歉。但如果我照我所寫的保持正直，我就一定得放進來。我的信仰裡有一個核心問題是：「人若賺得了全世界，卻賠上自己的生命，有什麼益處呢？」[25] 如果我所做的無法討上帝的喜悅，我的領導力及我的生命就不合格了。

　　有些人認為問問題代表無知。我卻認為那是認真、好奇與渴望改善的表徵──如果問題是經過深思熟慮的，而且發問的人不會反覆問同樣的問題。如果你沒有發問，你就沒有進步。如果你沒有聆聽，你就沒有學習。（有道是小人物壟斷發言，大人物壟斷聆聽。）如果你不問問題，你就不會有答案。要知道，身為領導者，如果你不再提出問題，那麼乾脆買把搖椅放在你的門廊上，今天到此為止吧，因為你已經退休了！

你要問問題,才會有答案

應用練習

1. **你的自尊阻礙了你的成長嗎**?對於問那些可能會曝露你的無知或經驗不足的問題,你的態度有多敞開?要誠實。你怕看起來很笨嗎?你擔心別人怎麼看你嗎?如果你長期以來身居領導地位卻一直不願問問題,這會很難改變。然而,你可以選擇是要看起來傻一時,還是真的傻一世。今天就開始問問題,並努力克服心裡的不安。

2. **你需要問自己什麼問題**?除非你為自己的行為與成長負責,否則你永遠無法成為有效能的領導者。除非問你自己一些困難的問題,否則你無法成就這些事。擬定你自己的問題或是利用本章的問題來確定你在正軌上。

- 我正投資自己嗎?(個人成長)
- 我真心對別人感興趣嗎?(動機)
- 我做我所愛,愛我所做嗎?(熱情)
- 我把時間投資在對的人嗎?(關係)
- 我待在我擅長的領域嗎?(效能)
- 我把別人帶到更高層次嗎?(使命)
- 我照顧好今天了嗎?(成功)

- 我花時間思考嗎？（策略）
- 我栽培其他領導者嗎？（傳承）
- 我討上帝的喜悅嗎？（信仰）

3. **你可以問誰問題**？願意問問題，並願意冒在別人面前看起來很笨的風險，表示你對學習有正確的態度。然而，那還不足以建構成長的計畫。為了成長，想想你可以向誰學習，然後嘗試約他們見面。會面以前，至少花兩個小時預備訪問，並寫出你的問題。（如果那個人寫書，把他全部的書讀完再寫你的問題。如果那個人有教導的課程，先去聽。對於著作或授課豐富的人，你可能要花好幾個星期做準備。）

培養領導者小建議

利用這個機會向你指導的人講受教的問題。他們有多常問問題？他們對於聽取勸告的態度有多開放，不只是來自於你的建議，也來自他們的同儕及為他們工作的人？跟他們討論在這方面你觀察到的問題。

26 │ 人們會用一句話總結你的一生，哪句話由你選

People will summarize your life
in one sentence—pick it now.

　　1998年12月18日，我的心臟病劇烈地發作。那一夜當我躺在地板上等救護車時，我想到兩件事：第一，我還太年輕，不能就這麼死去。第二，我還沒有完成一些我想成就的事。

　　感謝絕佳的醫療照顧以及許多為我禱告的人，我活了下來，並且現在健康情況良好。但在我復元過程中，我想了許多關於生死的事，以及在我離世以前想造成的影響。在我考慮可能會發生什麼事時，便想到誰會來參加我的追思禮拜，我也好奇人們會說些什麼。老實說，我忍不住笑了出來，當我想到天氣會決定參加葬禮的人數，以及告別式結束後三十分鐘，人們會在某個大廳想著，哪裡可以找到馬鈴薯沙拉！

我會留下什麼？

我的心臟病發帶來一個最有益的結果便是刺激我自問：「我會為後人留下什麼傳承？」傳承（legacy）是我們留給下一代的東西。那可以是我們放在別人手裡的東西，可以是我們生活的原則，而這原則將超越我們的生命繼續留存。也可以是我們影響了某些人，他們因為認識我們而生命變得更美好。

現在我更加年長，也開始想到更多關於傳承的事。我問我敬佩的領導者，他們渴望死後留下什麼。幾年前在一場我主持的研討會裡，我訪問傳奇籃球教練約翰·伍登，他當時高齡九十二歲。我問到他的傳承，以及他希望認識他的人怎麼記得他。

「我當然不想要人們為了獎盃及全國冠軍而記得我，」他毫不遲疑地說。聽眾開始起了一陣驚訝的騷動。他沉默良久，思索著。最後他終於開口說：「我希望人們會記得我的和藹及體貼。」在場所有人都對他展現的單純智慧感到折服。這也提醒我們，價值與物質之間存在重大的區別。伍登在專業上的成功，遠超過多數人最狂野的夢想，然而他希望人們記得的是他對待別人的方式。

●「凡夫俗子不曉得如何過今生，卻想要永恆的來世。」──法蘭斯

你會留下什麼？

　　有一天你我都會死去。而最終，我們的生命都會用一句話來做總結。你希望那句話是什麼？魯斯夫人（Claire Booth Luce）巧妙地稱之為「生命之句」（life sentence）。如果你用心開創你的傳承，人們在你的葬禮上就不用傷腦筋去想你的生命之句是什麼了。

　　伊蓮娜·羅斯福（Eleanor Roosevelt）評論：「人生像跳傘，你第一次就得做對。」老實說，沒有一個人可以完全做對。我想我們都希望回到過去，在生命中做一些改變。但至少我們從今天起可以選擇我們的生活方式，好在我們死後，仍能正面地影響別人。我們可以創造一個值得留下的傳承。為了完成這個目標，我建議你做下面的事：

1. 今天就選擇你想留給別人的傳承

　　留給別人的傳承可能是有意栽花或是無心插柳。我觀察到大部分都是無心插柳的結果。我從許多並非刻意投資我的人那裡領受了傳承。比方說，我的麥斯威爾爺爺是果決與鋼鐵意志的典範；柔依奶奶則是第一個與我分享對旅行的熱情的人；我的母親給了我無條件的愛；我五年級的老師荷頓先生，幫助我視自己為領導者；偉恩·麥康納（Wayne McConnahey）使我對體育有興趣。

　　他們對我的生命造成的每一個巨大影響都持續到今天

──我的果決、喜愛旅遊、對領導的熱情，以及喜好運動。然而，我不認為他們是有意識地想把這些東西傳給我。他們只是做自己，而剛好在他們身邊的我就「抓住了」這些特質。

諾貝爾文學獎得主小說家法蘭斯（Anatole France）觀察到：「凡夫俗子不曉得如何過今生，卻想要永恆的來世。」大多數人不在意他們要開創什麼樣的傳承。他們應該要。沒有人會像你一樣在意你的傳承。如果你不為此承擔責任並貫徹到底，沒有人會。

選擇你的傳承，並刻意地去做。如此你就有可能為後代造成重大影響。你可以今天就開始，先定義你的「生命之句」。你不會一下就全部想出來。如果你像我一樣，你還得不時地更新它。在1960年代晚期，我開始想我的目標，而且持續演變著。以下是多年來隨著我的思想而改變的句子：

> 我想做一位偉大的牧師。
> 我想做一位偉大的溝通者。
> 我想做一位偉大的作家。
> 我想做一位偉大的領導者。

隨著我的成長及視野的擴展，我描述目標的句子一直在改變。然後有那麼一刻，當我看著這些句子，我突然明白我渴望做有效能的牧師、溝通者、作家與領導者，其實是渴望

●「大多數人並不經營自己的人生；他們只是逆來順受。」──科
　特

為人們添加價值。

　　你會注意到我的思想有很大的轉變，這正是有意地開創傳承的關鍵。如今，我不再著眼於我要成為什麼，我的焦點乃是在別人身上。我從此更進一步地淬煉我的生命之句，現在它已變成：我想要為領導者添加價值，讓他們能為別人增加價值。當我離開這個世界時，我希望別人印證我的確做到了。

　　作家及領導學專家科特（John Kotter）有一次對我說：「大多數人並不經營自己的人生；他們只是逆來順受。」別讓那發生在你身上。開始選擇你想留給別人的傳承，這可能只是整個過程的一開始，但是沒關係。你必須開始才能結束。

2. 今天就活出你想留下的傳承

　　確認你想留下什麼傳承是一回事，是否能真的傳下去又是另一回事。你是否能留下你渴望的傳承，最大保證的關鍵就是你如何生活。在我的書《贏在今天》裡，我指出一個人成功的祕訣，取決於他每日的作息。我想這也可以說成你傳承成功的祕訣，取決於你每日的作息。你每天生活的總和變成了你的傳承。把多年來每一個行動加總，你就會看到你的傳承開始成形了。

　　在克萊瑟（Grenville Kleiser）的書《能力與領導力訓練》（*Training for Power and Leadership*），他指出：

　　你的生命是一本書。封面是你的名字，前言是你對這世界的自我介紹。內容是你每天的努力、試煉、歡愉、沮喪與成就的記錄。每一天，你的思想與行為都鐫刻在你的生命之書上。每一刻留下的記錄會保存一世。一旦寫上「全書完」時，讓人們說你的書記載了高尚的目標、慷慨的服務與美好的工作。

　　大多數人無法選擇何時及如何死亡；但他們可以決定如何生活。社會學家坎波羅（Anthony Campolo）曾提到一個研究，有五十位九十五歲以上的老人被問到一個問題：「如果你的人生可以重新來過，你會做什麼不一樣的事？」這是個開放式的問題，人們的回答也各不相同。然而，三個主題持續地出現：

　　如果我可以重新來過，我會做更多反省。
　　如果我可以重新來過，我會冒更多險。
　　如果我可以重新來過，我會做更多在我死後仍能延續下去的事。

　　當你達到生命的終點，我希望你無怨無悔，因為你已完全活出生命的色彩，每天盡你所能愛惜光陰，充分利用你在世上的時間。注意你的傳承並每天活出來，能幫助你做到這些。

3. 今天就開始正視良好傳承的價值

　　凱特林（Charles F. Kettering）是發明家，也曾是通用汽車研究部的負責人，他說過：「這一代能做最偉大的事，就是為下一代預備一些踏腳石。」帶別人到他們從來沒去過的地方、到從未夢想過的高度，是很大的喜樂。身為領導者，你有很大的機會來做這些事。

　　我認為開創正面傳承的能力，主要繫於一個人的態度。首先，你必須關心人。其次，你必須正視一個良好傳承能帶來的重大影響。你也必須有正確的觀點。你必須了解相較於你做為領導者被託付的使命，你個人是多麼微不足道。那需要某種程度的客觀、成熟與謙卑，卻是許多領導者從未擁有的態度。做為領導者，你的目標不是讓你帶領的人少不了你，而是讓他們少不了你留下的東西。

　　教育家杜伯樂（D. Elton Trueblood）寫道：「當我們種下一棵樹，而且完全明白自己不可能坐在樹蔭下乘涼時，至少我們開始發現人類生命的意義。」這對開創傳承者是正確的看法。

投資下一代

　　我知道我對傳承這個主題的看法，受到我現在的人生階段很大的影響。我已經六十歲，我們的孩子都大了，瑪格麗

特和我都到了含飴弄孫的人生階段。如果你的下一代還小，
你目前建立傳承的焦點可能是教育你的孩子。這是理所當然
的。當我們的孩子年幼時，瑪格麗特和我也致力於灌輸女兒
伊莉莎白與兒子約珥價值觀與技巧。而當他們漸漸長大，我
們決定給他們四件東西：

- 無條件的愛
- 信心的根基
- 生活及成功的原則
- 情緒上的安全感

我很高興地說，我們的孩子如今都已成家立業，並將他
們自己的價值觀傳遞給他們的孩子。瑪格麗特和我目睹我們
家的價值觀、希望、夢想、經驗與祝福正傳給下一個世代。
這真是很令人欣慰，也使我想起社會改革者畢卻爾（Henry
Ward Beecher）的話：「我們在世的日子應當如此生活與工
作：讓我們的種子到下一代開出花朵；讓我們的花朵到下一
代結出果實。這就是進步的意義。」

有一首多年來我一直很喜歡的詩叫做「造橋的人」（The
Bridge Builder）。這是田納西州的詩人莊顧爾（Will Allen
Dromgoole）寫的，描述為後人開創傳承的真義：

　　一個老人，走在寂寥的大道，

寒冷及陰暗，黃昏時來到，
斷崖邊，又大又深又闊，
溪水緩緩在下面流，
老人在朦朧的暮色中行過；
緩緩的溪水他一點也不怕；
他安抵彼岸卻轉過頭
在潮水上延展，造一座橋。

「老先生，」同行旅人往他身邊靠：
「您真是浪費力氣在這裡建造；
您的旅程最後一天已來到；
您永不再走過這條路；
您已穿過斷崖，又深又闊——
您為何在傍晚時刻來造橋？」

造橋的人抬起他年老灰白的頭，
他說：「在我來的路上，好友，
一個年輕人在我後面
一定得往這邊走。
這斷崖對我算不了什麼
對那黃毛小子卻可能是災禍，
他，也必須在朦朧暮色中跨溪而過；
我造這座橋是為了他。」

　　你為那些跟隨在你後面的人，造出什麼樣的橋？你是否把你的領導力發揮到極致，不只為你自己，不只為今天跟隨你的人，也為那些明天會跟隨你的人？知道有朝一日人們會用一句話來總結你的人生，是一件很嚴肅的事。現在選擇一句，用此方式來感謝上帝、生命、家人，以及其他你未曾謀面的人。

人們會用一句話總結你的一生，
哪句話由你選

應用練習

1. **傳承對你有多重要**？對許多領導者而言，留下傳承是他們最不會想到的事。這件事在你心目中的評價如何呢？你讀本章之前曾考慮過這個想法嗎？你是否準備開始思考你的傳承會是什麼？無論你在領導旅程的哪個階段，或許你是初出茅蘆的年輕領導者，或是伏櫪老驥，現在開始永遠不嫌早，想想當你的生命結束時，你希望你的人生對別人的意義是什麼。將開創傳承當做你的第一優先。

2. **你想留下什麼傳承**？決定你的傳承會花上一點時間。為了開始這個過程，問你自己下列三個問題：

- 我的責任是什麼？這可幫助你找出你該做什麼。
- 我的能力是什麼？這可幫助你找出你能做什麼。
- 我的機會是什麼？這可幫助你找出你將做什麼。

回答這些問題之後，試著用你的答案來寫出一個簡短的「生命之句」。

3. **你今天活出那個傳承嗎**？一個傳承的產生，不會只是因為一個人寫出了生命之句。那個人還要每天活出生命之句來，才會締造傳承。你目前的生活符合你為自己寫下的生命之句嗎？若沒有，為什麼？你必須停止做什麼？你必須開始做什麼？你必須多做些什麼？你的生活可能需要做一些小調整，或者大變動。今天就開始著手。

培養領導者小建議

要求你指導的人找出他們工作的終極目標。要求他們描述當他們達到目標時，目標會是什麼樣子，他們又會是什麼樣子。要求他們解釋為什麼選擇那個目標，以及為了達到目標將要付上什麼代價。請他們盡可能地詳盡。現在要求他們描述他們目前的行動在哪些方面與目標一致，以及在哪些方面與他們的目標衝突。敦促他們找出需要做的改變，好讓他們向著標竿直跑。要他們寫出一份傳承宣言、價值觀清單，以及他們必須採取的行動，好讓他們有最大的勝算來實現那個傳承。

| 結論 |

不要停止學習

希望你喜歡我放在這本書裡的26個黃金法則。更重要的是，我希望你從中受益。一本像這樣的書有個危險，就是很容易快快讀過，了解裡面的概念卻沒有真正做任何事。資訊本身不會使你成為更好的領導者。如果你想變得更好，你就需要應用在你的生活上。

如果你是領導新鮮人，那麼我相信因為閱讀這本書，以及從我的錯誤中學習，你已經看見你的領導力有進步。無論你做什麼，不要停下來。領導力不是瞬間即成，而是要花一輩子的時間去發展，而且你愈定意於發展領導力，就愈有潛力成為你能當的領導者。絕對不要停止學習。

如果你是個經驗豐富的成功領導者，這本書很多地方只是提醒你已經知道的事，那麼把你的焦點放在該放的地方：帶領其他領導者。永遠不要忘記你最大的潛在價值不在於你的領導力，而是在於你幫助有潛力的人成為成功的領導者。比起帶領一大群跟隨者，帶領一小隊領導者將造成更大的影響力。

　　無論你位於領導旅程的哪個地方，繼續成長、繼續領導，而且繼續努力。

| 附註 |

1. "We Have Met the Enemy... and He Is Us," http://www.igopogo. com/we_have_met.htm, accessed 18 January 2007.
2. Proverbs 22:7 (NIV).
3. F. John Reh, "Employee Benefits as a Management Tool," http://management.about.com/cs/people/a/Benefits100198.htm, accessed 10 July 2007.
4. Mark Albion, *Making a Life, Making a Living: Reclaiming Your Purpose and Passion in Business and Life* (New York: Warner Books, 2000), 17.
5. Jim Lange, *Bleedership* (Mustang, OK: Tate, 2005), 76.
6. Lorin Woolfe, *The Bible on Leadership: From Moses to Matthew-- Management Lessons for Contemporary Leaders* (New York: AMACOM, 2002), 103-4
7. Marcus Buckingham and Donald O. Clifton, *Now Discover Your Strengths* (New York: The Free Press, 2001), 6.
8. Peter Drucker, *Managing in Turbulent Times* (New York: Harper Collins, 1980), 6.
9. Jim Collins, *Good to Great* (New York: Harper Collins, 2001), 70.
10. Second presidential debate with incumbent Jimmy Carter, 28

October 1980, "Reagan in His Own Words, " NPR, http://www.npr.org/news/specials/obits/reagan/audio_archive.html, accessed 19 February 2007.

11. Stuart Briscoe, *Everyday Discipleship for Ordinary People* (Wheaton, IL: Victor Books, 1988), 28.

12. Barry Conchie, "The Seven Demands of Leadership: What Separates Great Leaders from All the Rest," *Gallup Management Journal*, 13 May 2004, http://gmj.gallup.com/content/11614/Seven-Demands-Leadership.aspx.

13. Stan Toler and Larry Gilbert, *Pastor's Playbook: Cooking Your Team for Ministry* (Kansas City: Beacon Hill Press, 1999).

14. Michael Abrashoff, *It's Your Ship: Management Techniques from the Best Damn Ship in the Navy* (New York: Warner Business, 2002), 33.

15. Ibid., 91-92

16. Warren G. Bennis, *Managing the Dream: Reflections on Leadership and Change* (New York: Perseus Books, 2000), 56-57.

17. Jeffery Davis, *A Thousand Marbles* (Kansas City, MO: Andrews McMeel, 2001).

18. Malcolm Galdwell, *Blink: The Power of Thinking Without Thinking* (New York: Little, Brown, and Company, 2005), 18-34.

19. "Trust a Bust at U.S. Companies; Manchester Consulting's Survey Rates Trust in the Work Place a 5-1/2 Out of 10," http://www.prnewswire.com/cgi-bin/stories.pl?ACCT=104&STORY=/www/story/9-2-97/308712&EDATE=, accessed 27 March 2007.

20. Harry Golden, *The Right Time: An Autobiography* (New York:

Putnam, 1969).

21. Harry Chapman, *Greater Kansas City Medical Bulletin* 63, http://www.bartleby.com/63/17/4517.html, accessed 9 March 2007.

22. Proverbs 29:2 (MSG).

23. *Reader's Digest*, 13 July 2003, 1998.

24. Dan Sullivan and Catherine Nomura, *The Laws of Lifetime Growth: Always Make Your Future Bigger Than Your Past* (San Francisco: Berrett-Koehler, 2006), 43.

25. Matthew 16:26 (NIV).

國家圖書館出版品預行編目資料

領導的黃金法則／約翰‧麥斯威爾（John C. Maxwell）著；
　章世佳譯. -- 第一版. -- 臺北市：遠見天下文化, 2008.06
　　面；　公分. --（財經企管；CB395）
譯自：Leadership gold : lessons learned from a lifetime of
　　leading
　ISBN 978-986-216-144-9（精裝）

1. 領導　2. 企業管理

494.2　　　　　　　　　　　　　　　　97009390

[財經企管] BCB395A

領導的黃金法則

作　　者／約翰‧麥斯威爾（John C. Maxwell）
譯　　者／章世佳
總編輯／吳佩穎
責任編輯／方雅惠（特約）、邱碧玲（特約）、蔡慧菁
封面設計／張議文
出版者／遠見天下文化出版股份有限公司
創辦人／高希均‧王力行
遠見‧天下文化 事業群董事長／高希均
事業群發行人／CEO／王力行
天下文化社長／林天來
天下文化總經理／林芳燕
國際事務開發部兼版權中心總監／潘欣
法律顧問／理律法律事務所陳長文律師　著作權律師／魏啟翔律師
社　　址／台北市104松江路93巷1號2樓
讀者服務專線／（02）2662-0012
傳　　真／（02）2662-0007；（02）2662-0009
電子信箱／cwpc@cwgv.com.tw
直接郵撥帳號1326703-6號　　遠見天下文化出版股份有限公司

電腦排版／立全電腦印前排版有限公司
製版廠／東豪印刷事業有限公司
印刷廠／祥峰印刷事業有限公司
裝訂廠／聿成裝訂股份有限公司
登記證／局版台業字第2517號
總經銷／大和書報圖書股份有限公司　　電話／(02) 8990-2588
出版日期／2008年6月6日第一版第1次印行
　　　　　2022年10月28日第二版第3次印行

定價／450元
原著書名：Leasership Gold by John C. Maxwell
Copyright © 2007 by John C. Maxwell
Complex Chinese Edition Copyright © 2008 by Commonwealth Publishing Co., Ltd., a
member of Commonwealth Publishing Group
This Licensed Work published under license.
ALL RIGHTS RESERVED
4713510946718　（英文版ISBN-13: 978-0-7852-1411-3）
書號：BCB395A
天下文化官網／bookzone.cwgv.com.tw

※本書如有缺頁、破損、裝訂錯誤，請寄回本公司調換。
※本書僅代表作者言論，不代表本社立場。

天下文化
BELIEVE IN READING